无公害散养蛋鸡

张　敬　江乐泽　主编

中国农业出版社

主　编　张　敬　江乐泽

副主编　王鸿英　隋　茁　李　志

编著者　张　敬　江乐泽　王鸿英

隋　茁　李　志　安德义

郑成江　于　维　郭敏增

路　超　潘振亮　李　鹏

杨　一　谷　禹　许彩华

前　言

养鸡业是我国畜牧业的主导产业之一。从1985年我国的鸡蛋总产量超过美国后，总产量一直位居世界首位，2008年，全国鸡蛋产量2 045多万吨。1978年，全国人均年禽蛋占有量为2.4千克，而2008年是20千克，是1978年的8.3倍。随着养鸡业的迅速发展以及蛋鸡饲养管理技术研究的不断深入，当前我国的养鸡业已由数量型向质量型转变，市场和消费者更关注优质、安全、放心的无公害蛋品。

散养蛋鸡是开始集约化笼养蛋鸡前的原始生产方式，但现今的散养蛋鸡与传统意义上的土（柴）鸡饲养又不完全相同。现在的生态散养蛋鸡是从农业的可持续发展、农牧结合、循环农业、生态养殖和动物福利等角度出发，依据生态学、生态经济学原理，将传统的养殖方法和现代科学技术有机结合；根据林地、果园、草场、棉田、草山草坡、河堤、滩涂等可放牧地的特点，充分利用土地和空间资源，实行蛋鸡放养和舍养相结合的生产方式，来生产无公害食品或绿色食品乃至有机食品的鸡蛋和鸡肉。

目前，国内无公害散养蛋鸡生产刚刚起步，特别是规模化的无公害散养蛋鸡生产，在生产技术与管理上还缺乏经验。本书立足于国内无公害散养蛋鸡生产的国情，较为系统地阐述了无公害散养蛋鸡生产的综合技术，提出了鸡场环境选择与建设、饲料及兽药原料的选择与控制、无公害散养蛋鸡生产管理、疾病防制（治）等涉及无公害蛋品生产全过程。并在编写中，增加了2009年农业部有关饲料、兽药，以及饲料添加剂的新要求及规范。

本书在编写过程中，注重理论与生产实践紧密结合，与国内外研究成果相结合，内容丰富、系统、新颖，力争做到一看就懂、一学就会，便于操作，适合于广大无公害散养蛋鸡场户养殖人员及技术人员阅读。但由于我们的水平所限，收集的资料不尽完善，难免有疏漏与不足之处，恳请同行与读者批评指正。

编　者

2009年7月

目　录

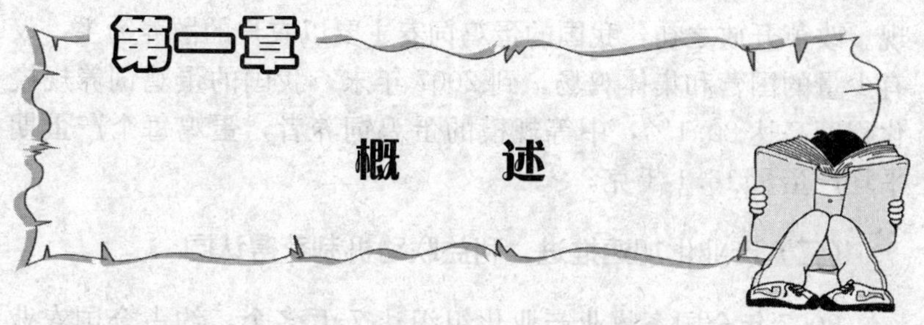

第一章 概 述

一、我国的蛋鸡业

蛋鸡业作为现代畜牧业的一个重要分支产业，目前在我国农业乃至国民经济中都占有一席之地。但在20世纪70年代前，全国上规模的蛋鸡养殖场（存栏几千只）也寥寥无几。为解决广大人民群众的食品供应问题，从20世纪70年代后政府开始提倡机械化养鸡，但受当时农业生产力的束缚，没有可靠和稳定的饲料原料，全国虽然建设了多个较大规模的养鸡场，但仍无法解决人民群众"吃蛋难"的问题。改革开放后，束缚人们思想的旧观念得以抛弃，新的生产关系得以建立，全国广大人民群众开始从"温饱"走向"小康"。从1985年我国的鸡蛋总产量超过美国后，鸡蛋总产量一直位居世界首位，2008年，全国鸡蛋产量2 045多万吨，连续23年位居世界第一，平均年创产值2 000亿元以上。1978年，全国人均年禽蛋占有量为2.4千克，而2008年是20千克，是1978年的8.3倍，接近世界平均水平的2倍，比发达国家消费水平稍高。蛋种鸡生产企业1 200多家，生产中蛋鸡良种率已达90%以上；蛋鸡存栏规模达24.7亿只，涉及养殖户3 000多万户。纵观我国蛋鸡业的发展，有如下特点：

（一）良种繁育体系基本形成，规模化程度不断提高

经过30年的建设与发展，我国蛋鸡养殖业规模优势逐步显

现。改革开放之初，我国的蛋鸡饲养主要以农户的散养为主，仅有少量的国营和集体鸡场，到 2007 年末，我国的蛋鸡饲养规模化程度高达 80.1%，中等规模的蛋鸡饲养者，蛋鸡每个产蛋期平均产蛋量 16.1 千克。

（二）产业化加速推进，利益联动机制获得认同

2007 年全国畜牧业产业化组织达 7 万多个，约占全国农业产业化组织的 50%以上。带动饲养牲畜 14.6 亿头，饲养禽类 113.4 亿只。通过发展各类中介组织和“订单农业”等方式，使蛋鸡龙头企业与农民利益逐步从松散型向紧密型转变，初步形成了利益均沾、风险共担的利益共同体。

（三）区域化进程加快，区域比较优势得到发挥

我国现已基本形成以山东、河北、河南、辽宁、江苏、四川等省份为主的禽蛋产业带，从位于前 10 名的省份合计产量占全国总产量看，禽蛋由 1982 年的 65.6%提高到 2007 年的 79.3%。

（四）蛋鸡养殖新技术得到普遍应用

蛋鸡营养研究全面发展，全价配合饲料在蛋鸡生产中得到普遍使用；疫病控制等方面的研究取得长足进步，鸡马立克氏病等危害严重的疫病得到有效控制，但一些新的传染病如禽流感等，开始造成严重危害；环境控制技术开始受到重视，如湿帘通风降温技术、纵向通风技术、热风炉和换热器技术等得到广泛应用；蛋品深加工和质量检测技术也有了长足进步，并开始规模应用。

二、蛋鸡业现存的经营模式、问题和展望

（一）蛋鸡业现存的生产经营模式

1. 大型蛋鸡生产企业　一般这种大型蛋鸡企业蛋鸡存栏量

在10万只以上，多者几十万只甚至上百万只，这种生产企业生产经营规范，产品质量有保证，能在较短时间内生产出大量蛋品。主要弱点是：因为正规生产所以生产成本高，在蛋品消费者质量意识不强的情况下，缺乏与个体养鸡户在蛋品价格竞争上的优势。但这种大型蛋鸡生产企业是我国蛋鸡业的发展方向。

2. 蛋鸡生产专业合作社 这种形式是以蛋鸡生产企业或饲料生产企业或蛋品销售企业为核心，联合其地域周围养鸡场或具有相当饲养规模的养鸡户为成员，以合同为纽带而形成的一种联营经营模式。合作社采取统一商标、统一生产规范、统一销售而联合经营。通常销售的蛋品有专有特色，在某些具有特色蛋品市场上占有相当的份额。这种生产形式要求蛋品生产者防疫严格，布局合理，设施完善，生产安全。目前，这种蛋鸡生产专业合作社的数量不是很多，在今后相当长的阶段内，是我国蛋鸡业的主要发展模式。

3. 蛋鸡养殖小区 这是一种蛋鸡生产相对集中的生产模式，是地方政府为解决农户分散饲养，人畜（禽）混居，疫病难防难治的有益尝试。尽管养殖小区内部有“统一供雏、统一供料、统一防疫、统一管理”的四统一等多种规定，但由于养殖的主体是每家每户，因此自主经营的小农意识始终存在，小区内部无法做到养鸡生产再三强调的“全进全出”原则，违背上述四统一的事件屡屡发生，造成某些养殖小区内疫病交叉感染流行。要想养殖小区得到健康发展，必须保证做到“统一育雏”，“统一出栏”，“统一销售”和上述的四统一，做到七统一，真正达到“全进全出”，向标准化养殖小区发展。

4. 个体养鸡户 这部分养鸡从业者，饲养规模可大可小，他们缺乏养鸡技术上的辅导和支持，防疫观念淡薄，养鸡废弃物随意堆放，病死鸡随意丢弃，更有甚者甚至食用。由于养鸡设备的投入不是很多，并且个人的劳动投入也不计算成本，所以生产成本较低。他们的数量巨大，是现阶段我国蛋鸡生产的主体。现阶段的首要任务就是引导他们逐步改善生产环境，提高生产技术水平，逐渐进入到生产专业合作社或正规的蛋鸡养殖小区。

（二）蛋鸡业现存的问题

1. 鸡蛋消费市场相对饱和 近年来，我国的蛋鸡存栏量与鸡蛋产量分别占世界总量的39.25%和42.04%。由于我国鸡蛋的出口比重很低，仅仅占0.5%左右，绝大部分的鸡蛋都是内销。现在广大农村地区，吃鸡蛋不再是什么奢侈食品，已是普通人家普通事，鸡蛋及其产品是经济实惠的荤食品类，属于基础性食品。我国人均鸡蛋消费水平远远高于世界平均水平，所以增加鸡蛋消费量的潜力相当有限。形成目前饲养蛋鸡经济效益起伏波动的根本原因，就是鸡蛋消费市场相对饱和。

2. 鸡病是影响我国蛋鸡业健康发展的重要原因 鸡病是影响我国蛋鸡业健康发展，造成蛋鸡饲养成本高的主要原因。一些重要的疾病如禽流感、鸡新城疫、鸡支原体病、禽白血病等已给我国的蛋鸡生产造成很大的损失，特别是某些细菌性疾病和病毒性疾病的混合感染、继发感染、多重感染已成为制约蛋鸡业健康发展的重要原因。养鸡业发达国家，蛋鸡在产蛋期的全程死淘率一般不会超过8%，而我国普遍高达10%以上，有些鸡场高达20%，甚至个别鸡场高达25%以上。据有关资料报道，我国养鸡业每年由于传染病所造成的损失是：死亡鸡只近3亿只，直接经济损失30亿元人民币，间接经济损失近100亿元人民币。国内有些蛋鸡主产区，鸡传染病的流行始终没有得到有效的控制，这不仅是影响了蛋鸡的健康和生产水平，更重要的一层潜在意义在于，由于用药（某些情况下的滥用药）对蛋品卫生质量的影响，是影响我国蛋品出口最大的障碍。

3. 蛋品质量是制约蛋鸡业健康发展的瓶颈 由于经济的发展，社会的进步，人们对健康的关注程度日益重视。食用卫生健康食品，采用健康生活方式是广大人民群众的共同要求。鸡蛋的品质和质量已成为广大消费者高度关注的焦点，无论是鸡蛋的外观品质或鸡蛋的内部质量，都成为影响鸡蛋销售价格的重要因素。生产无公害的鸡蛋已成为人民群众的基本需求。

4. 蛋鸡生产对环境污染问题日益突出　由于处理养鸡场的污水和废弃物需要投资，在一些环保意识不强的蛋鸡养殖场户，将粪便、废水、病死鸡随便排弃，对鸡场周围环境（空气、水源、土壤等）造成严重污染，鸡群生活在一个受污染的环境中，时刻都受到疫病的威胁。

（三）我国蛋鸡业的发展展望

1. 科技进步是根本　在土地、资本、劳动力等投入要素相对稳定的情况下，生产效率的增长、养鸡从业者素质的提高、产品附加值的提升、综合生产能力的增强，主要靠养鸡科学技术的不断创新和推广应用。科技进步对蛋鸡业发展的贡献率已达50%以上，科技进步已成为我国蛋鸡业发展的重要因素。面对资源长期紧缺和疫情形势依然严峻的现实，发展和建设现代蛋鸡业，必须依靠技术进步。

2. 转变生产方式是目前亟待解决的工作重心　优质、高效、高产、生态、安全的蛋鸡业，才是健康可持续发展的蛋鸡业。现在广大群众和各级政府上上下下都关心食品安全问题，蛋鸡生产企业也开始注重品牌建设，通过建设品牌，将鸡蛋从初级农产品转变为具有完整商品属性的商品。

有人将健康食品分为三个等级，即有机食品、绿色食品、无公害食品，无论生产什么等级的健康蛋品，始终坚持科学发展观，注重环境保护和资源的高效利用，注重综合经济效益的提高，实行标准化、规模化发展、生产健康安全蛋品，是提升我国蛋鸡业综合生产能力的关键。

3. 产业化发展是方向　改革开放前，我国的蛋鸡业主要以家庭养殖为主，伴随着改革开放，各种经营体制不断出现，20

世纪80年代末期，各地通过“公司＋农户”、“公司＋基地＋农户”、“市场＋农户”等多种形式，把分散的养鸡户组织起来，共同参与蛋鸡业的建设与发展，大家共同分享蛋鸡业发展的成果。这种组织形式对解决“小农户”与“大市场”和“大科技”的矛盾和对接起到了关键作用。目前，在全国蛋鸡业已涌现出一批外向型、大规模、带动性强的龙头企业，正在带动我国的蛋鸡业健康发展。

三、无公害鸡蛋的生产

（一）无公害蛋鸡生产的含义

无公害蛋鸡生产是以保护人类健康、保护鸡群健康、生产安全放心的无公害鸡蛋为目的生产经营活动。无公害蛋鸡生产是新理论、新技术、新材料、新方法和新的管理理念在蛋鸡业上的高度集成，最终追求经济、生态、社会三大效益并重统一。无公害鸡蛋是指产地环境、生产过程和产品质量符合农业部NY 5039—2005标准，经认证合格后获得认证证书并允许使用无公害农产品标志的鸡蛋。具体的理化指标和微生物指标见表1－1和表1－2。

表1－1　理化指标

项　目		指标	项　目		指标
汞（毫克/千克）	≤	0.03	铅（毫克/千克）	≤	0.20
砷（毫克/千克）	≤	0.50	铬（毫克/千克）	≤	1.00
镉（毫克/千克）	≤	0.05	四环素（毫克/千克）	≤	0.20
土霉素（毫克/千克）	≤	0.20	金霉素（毫克/千克）	≤	0.20
恩诺沙星		不得检出	磺胺类（以磺胺类总量计，毫克/千克）	≤	0.10

注：兽药、农药最高残留限量和其他有毒有害物质限量应符合国家相关规定。

表 1-2 微生物指标

项 目	指 标
菌落总数（cfu/克）	≤5×10^4
大肠菌群（MPN/100 克）	≤100
沙门氏菌	不得检出

（二）国内外无公害蛋鸡生产现状与不足

我国无公害蛋鸡生产起步相对较晚，思想意识上有一定差距。现阶段蛋鸡业还是一个相对较粗放经营的产业，蛋鸡饲养从业者的素质普遍相对较低，健康养殖和环保的意识不强，同时基础设施和设备条件与国外相比差距较大。国外在蛋鸡养殖中普遍采用微机控制，对环境监测和饲喂、饮水、通风、光照与温湿度控制等均为自动化；绝大多数采用转化效率高的配合饲料，饲料供应稳定，不易发生传染病，受自然因素影响的程度较低。

（三）生产无公害鸡蛋的重要意义

1. 消费者身体健康的根本保障 鸡蛋本身营养丰富，相对价格低廉，易于贮存，食用方便，老少皆宜。随我国城乡居民生活由温饱型向小康型的转变，消费者对食品安全的意识日益加强。为保护广大消费者的权益，同时也为广大消费者的身体健康，必须发展无公害蛋鸡生产，使鸡蛋的安全、无害得到切实的保证。

2. 蛋鸡饲养者的根本利益所在 生产鸡蛋的主要目的就是供人类食用，因此鸡蛋消费量的多少、消费群体的大小直接关系到蛋鸡饲养者的利益。如果广大消费者感到食用无公害鸡蛋后放心、安全；自然而然消费量要增加，消费群体要增大。这样蛋鸡饲养者的发展空间和潜力也自然增大，其经济效益也不言而喻，反之则相反。因此，为蛋鸡饲养者的自身根本利益也必须发展无公害蛋鸡生产。

3. 蛋鸡业健康发展的基础 目前我国人均禽蛋的占有量已相当于全世界平均水平的2倍，并超过了发达国家的平均水平。就2009年以前从全国整体看，我国鸡蛋产销关系已处于供略大于求的状况，市场经济学告诉我们，当某一产品供大于求的数量大于1%时，表现价格的回落绝不是1%，而可能是达到10%，所以近几年以来，鸡蛋价格相对其他动物产品价格始终在低价位上波动。为使蛋鸡业健康发展，蛋鸡从业者本身必须要自律，要发展无公害蛋鸡生产，用质量和信誉来占有市场，赢得发展空间，为蛋鸡业健康发展夯实基础。

（四）如何生产无公害鸡蛋

1. 生产环境的选择 据有关报道，由于工业生产和人类活动，全球每年向大自然排放的污染物为30亿吨废渣、5 000亿吨污水和10亿吨废气，这些污染物大多含有有毒有害的化学品，其中有些有“三致”（致癌、致畸、致突变）作用，某些化学污染物一旦进入环境，就有可能经饲料或饮水或其他途径进入鸡体，随蛋品最终影响到人类的健康，所以要对生产环境加以选择，具体选择的标准和要求见本书第三章。

2. 生产投入品的控制管理 蛋鸡生产的投入品主要是饲料与饮水，必要时要投药进行预防和治疗。生产无公害鸡蛋的前提是要使用无公害饲料，这就要求种植业进行无公害种植，对农药的使用进行严格的管理。目前，世界各国已注册农药有1 500余种，其中常用农药为500余种，有杀虫剂、杀菌剂、灭鼠剂、除草剂和植物生产调节剂等，合理使用农药，控制农药的剂量和使用范围是至关重要的。对治疗和预防药品的投放管理控制见本书的第六章。

3. 科学的鸡病控制技术 蛋鸡养殖中病害问题已成为制约蛋鸡业健康发展的一个重要因素，这里有一个恶性循环，因蛋鸡养殖造成了生态环境的恶化，进而形成了养殖环境恶化、病害增多、用药量增加、药效降低、再增大用药量的循环，其结果是药物残留加大，养殖成本加大，效益下降，并且大量用药对生态环境产生了极为不良的影响，对鸡群健康、蛋品安全，甚至人类健康都带来了危害。无公害蛋鸡生产就是要规范这些生产活动，规范用药的品种和使用方法，科学地控制鸡病。

4. 蛋品贮运中的卫生监督 蛋品的贮运是与消费者见面前的最后阶段，运输中最好采用专用的封闭货车或集装箱，如不具备条件要避免与对人体有毒害物品或产生挥发性气味的物品混装。对曾装过化工原料、农药、化肥等有毒有害有异味的运输车辆，要彻底清洗消毒后，经检验合格后再使用。运输中要防雨淋、日晒，并不可露天堆放，搬运时轻拿轻放，以防破损。贮藏时要注意温度和湿度的影响，尽量减缓蛋内的化学变化。

四、无公害鸡蛋的认证与管理

2002 年 4 月农业部与国家质量监督检验检疫总局发布了《无公害农产品管理办法》，该办法规定“无公害农产品管理工作，由政府推动，实行产地认定和产品认证的工作模式。国家鼓励生产单位和个人申请无公害农产品产地认定和产品认证”。2003 年 4 月农业部与国家认证认可监督管理委员会共同制定了《无公害农产品产地认定程序》和《无公害农产品认证程序》，由农业部设立的农产品质量安全中心具体负责认证工作。其畜牧业产品认证分中心依托全国畜牧总站，承担具体认证工作。根据《无公害农产品管理办法》，产地认定由省级农业行政主管部门负责组织实施，产品认证由质量中心具体负责。针对无公害农产品认证工作中的具体问题，2007 年 1 月农业部和国家认证认可监督管理委员会又发出《关于进一步规范无公害农产品认证工作时限的通知》，对规范认证审核工作时限，统一补充认证申报材料，健全认证审核制度，强化督促检查等提出了具体明确要求。

（一）无公害鸡蛋产地认定

由各省、自治区、直辖市和计划单列市人民政府畜牧业行政主管部门负责本辖区的无公害鸡蛋产地认定工作。具体认定流程见图1-1。

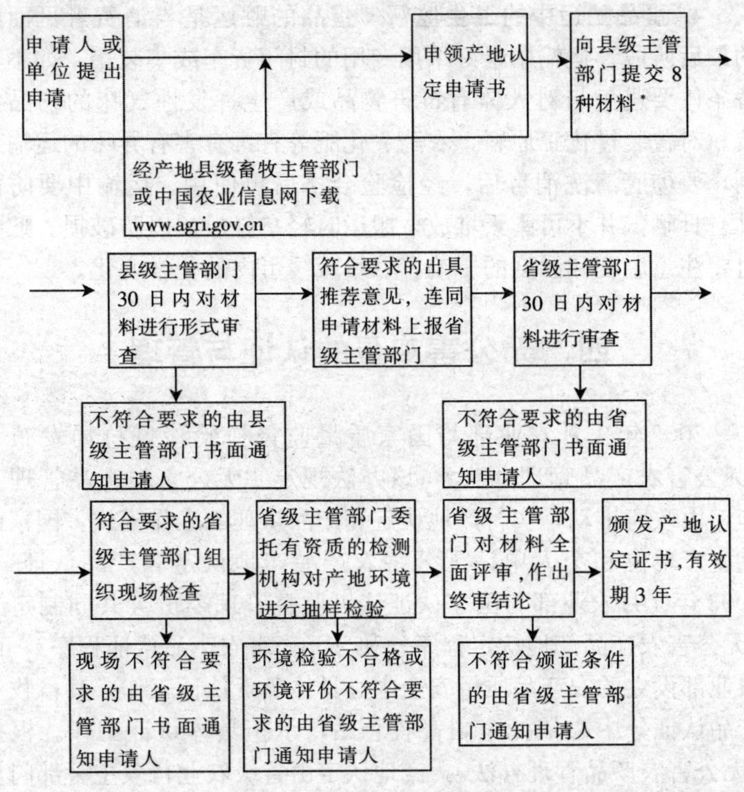

图1-1　无公害鸡蛋产地认定程序

*提交的8种材料为：①《无公害农产品产地认定申请书》；②产地的区域范围、生产规模；③产地环境状况说明；④无公害鸡蛋生产计划；⑤无公害鸡蛋质量控制措施；⑥专业技术人员的资质证明；⑦保证执行无公害鸡蛋标准和规范的声明；⑧要求提交的其他有关材料。

(二)无公害鸡蛋产品认证

由农业部农产品质量安全中心负责无公害农产品认证工作。具体认证流程见图1-2。

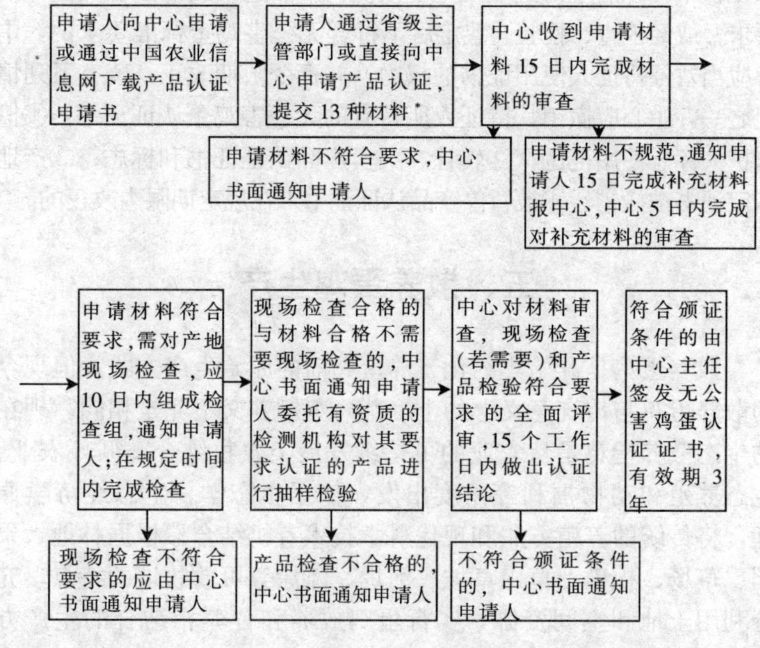

图1-2 无公害鸡蛋产品认证程序

*需提交的13种材料为:①《无公害鸡蛋认证申请书》;②《无公害鸡蛋产地认定证书》复印件;③产地《环境检验报告》和《环境评价报告》;④产地区域范围、生产规模;⑤无公害鸡蛋生产计划;⑥无公害鸡蛋质量控制措施;⑦无公害鸡蛋生产操作规程;⑧专业技术人员的资质证明;⑨保证执行无公害鸡蛋标准和规范的声明;⑩无公害鸡蛋有关培训情况和计划;⑪申请认证无公害鸡蛋的生产过程记录档案;⑫“公司+农户”形式申请人应提供公司和农户签订的购销合同范本、农户名单及管理措施;⑬要求提交的其他有关材料。

（三）无公害鸡蛋的认证管理

《无公害鸡蛋认证证书》有效期 3 年，期满后需继续使用的，证书持有人应在有效期期满前 90 日内按照申请程序重新办证。获认证证书后，若生产过程发生了改变，产品达不到无公害鸡蛋标准要求；或经检查、检验、鉴定后不符合无公害鸡蛋标准要求的，中心应当暂停持证人使用证书的权力，并责令限期改正。若有下列情况之一，中心应撤销其持证人所持有的无公害鸡蛋认证证书：①擅自扩大标志使用范围；②转让、买卖产品认证证书和标志；③产地认定证书被撤销；④被暂停产品认证证书未在规定期限内改正的。

五、散养蛋鸡生产

散养蛋鸡是开始集约化笼养蛋鸡前的原始生产方式，但现今的散养蛋鸡与传统意义上的土（柴）鸡饲养又不完全相同。现在的生态散养蛋鸡是从农业的可持续发展、农牧结合、循环农业、生态养殖和动物福利等角度出发，依据生态学、生态经济学原理，将传统的养殖方法和现代科学技术有机结合；根据林地、果园、草场、棉田、草山草坡、河堤、滩涂等可放牧地的特点，充分利用土地和空间资源，实行蛋鸡放养和舍养相结合的生产方式，来生产无公害食品或绿色食品乃至有机食品的鸡蛋和鸡肉。

散养蛋鸡以自由觅食野生天然食物为主，主要是昆虫、嫩草、腐殖质和矿物质，结合人工科学补饲混合饲料为辅，严格限制化学药品和饲料添加剂的使用，彻底禁用激素与违禁药品，鸡只在新鲜的空气、自由的觅食运动中充分享有了动物福利，结合科学的饲养管理技术，实现标准化规模生产，使鸡蛋和鸡肉达到无公害食品或绿色食品乃至有机食品的标准。

随着我国农业现代化进程的加快，人民的生活水平逐步提高，城乡广大居民财政性收入的稳步增加，广大消费者对鸡蛋和鸡肉产品的质量提出了更高的需求。近年来，广大消费者普遍认为，集约化笼养蛋鸡产的蛋口味欠佳，蛋黄颜色浅白，蛋白浓度偏稀，并且时不时还有“红心蛋”、“注水肉”等违规违法生产不合格食品的报道，使人们对食品安全更加关注。而散养蛋鸡以贴近自然的生产方式，生产风味独特、口味极佳、品质优良、天然、绿色、无公害的肉蛋产品，满足广大消费者对健康食品的需求，实现现代人回归自然，返璞归真的生活消费观。

国外关于散养蛋鸡生产，多数国家特别是西方国家，则主要是从动物福利主义观点出发，其基本原则是保证动物的康乐。英国家畜福利委员会对家畜生产条件提出家畜“五大自由福利”：①避免饥饿的自由；②避免环境不适应的自由；③免受疼痛损伤和疾病的自由；④免受惊吓和恐惧的自由；⑤能够表现绝大多数正常行为的自由。有些国家对蛋鸡笼养做出了对每只母鸡占有笼底面积最低保证值的限制，特别是有些欧洲国家有逐步取缔蛋鸡笼养，必须散养的趋势，并以此为缘由，对蛋品的进口设立绿色壁垒或技术壁垒，进而加以限制。

发展散养蛋鸡生产，可为市场提供适销对路的产品，由于其产品质优价高，可有效提高投资的收益率，为蛋鸡业的健康发展开辟了增收新途径；充分利用闲置土地和林下空间来增收增效，是典型的生态农业、循环农业，是林牧结合的样板；同时，也满足了鸡只的生理需要、行为需要和动物福利的要求；也从根本上改变了目前中国农村由于集约化笼养蛋鸡所造成的鸡粪乱堆、污水横流、臭气熏天、蚊蝇丛生的环境公害问题；是建设社会主义新农村，改善农民生活，促进农业健康良性发展的需要。

六、无公害散养蛋鸡生产中的问题与发展趋势

（一）无公害散养蛋鸡生产中的问题

1. 形式上的散放养，实际上的散喂养 很多初入门的无公

害散养蛋鸡饲养者，由于经验不足，鸡舍建造时，舍间间距设计过小，缺乏足够面积的放养地，造成鸡只无法从外界觅食到充分的饲料，只能依赖于人工喂养。

2. 补饲的管理 不同季节、地域、鸡品种、饲养方式、管理条件下，散养鸡补饲的数量、补饲料的营养水平、补饲料的配方、补饲方式等因时而异、因地而异、因鸡而异，没有一个有章可循的规律，大多靠经验摸索，缺乏对无公害散养蛋鸡生产的整个生产环节中，饲养管理及配套技术的深入研究和总结。

3. 鸡病的防控 散养蛋鸡由于互相间自由接触，并能接触到粪便，多数鸡舍和放养地不易彻底消毒，使得防病防疫相对困难，尤其是某些寄生虫病和传染病感染的几率增大，若无有力的防疫措施与合理的免疫程序，很可能养鸡失败。

（二）无公害散养蛋鸡的发展趋势

1. 产业化集中发展是方向 纵观无公害散养蛋鸡生产，凡是发展好的地区，必然是规模化饲养、标准化生产、市场化经营。一家一户的小农生产方式，可有可无的家庭副业绝不可能发展成大产业。产业化集中发展一定要建立良种繁育体系、无公害饲料供应体系、鸡病防控体系、产品加工体系和生态环境保护体系。无公害散养蛋鸡从业者要根据自身的能力，选择适宜的品种和适度的饲养规模，采取科学规范的技术，按照标准化生产和市场化经营，走产业化集中发展的路子。

2. 树立品牌意识，诚信经营 为了提高肉、蛋产品质量，保障食品安全，让广大消费者食用安全、放心的食品，必须树立品牌意识。在保证质量的前提下，做大做强品牌，维护好、经营好品牌。我国各地都有一些散养鸡蛋的品牌，要借鉴他人的经验和技术，遵循无公害饲养蛋鸡的生产规律，注意从品种选择、饲养环境、饲养方式、饲料配方、补饲方式、饲养密度和疫病控制等多个方面入手，千方百计保证无公害散养蛋鸡的产品质量，宁可减少产量或增加成本，也不能降低产品质量，要树立品牌意识，注重创立品牌和经营品牌，诚信为本，才可能获得消费者的认可，以期得到高额的回报。

3. 注重生产技术的发展，搞好技术革新与合作 在现今散养蛋鸡生产蓬勃发展的市场大潮中，要想立于不败之地，必须要有过硬的生产技术。无公害散养蛋鸡从业者要充分利用现代社会的资讯平台，从互联网、专业技术书刊、生产技术交流会、产品交易会等各种渠道，不断学习新技术和新工艺，并在养殖实践中加以创新和发展，尽可能与有关专家和同行们进行交流和切磋，以提高本身的生产技术水平。

4. 重视产品的外观、包装和宣传 鸡蛋的内在质量是消费者最关心的项目，但用肉眼无法得到检测结果，消费者多从外观的蛋壳质量来判断鸡群的健康，的确鸡蛋的畸形、蛋壳的变薄、表面有粪污、褐壳蛋颜色的变浅都是鸡群不健康的外在表现，要想获得消费者的信赖，必须保证蛋品的质量。在蛋品内在质量无法确定的条件下，很多消费者在购买时，十分看重产品的外包装，因为通过外包装上明示的生产单位（商标）、生产日期、生产条件、保质期等内容，使消费者产生某种程度的信任感。无公害散养鸡蛋的生产者要有商标意识和质量观念，重视蛋品的外观和外包装，对自己的产品有一个适度的广告宣传。

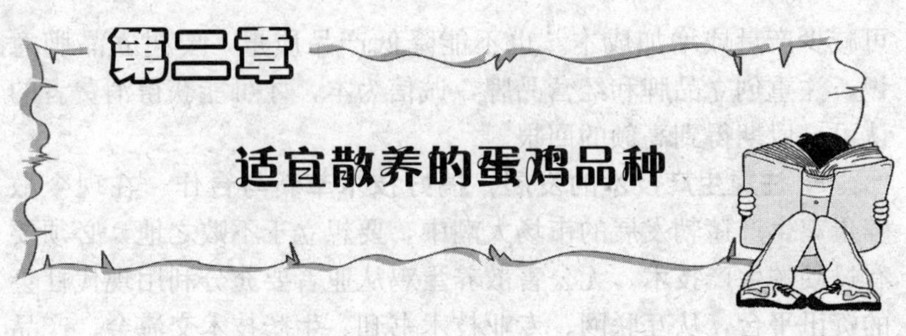

第二章 适宜散养的蛋鸡品种

一、选择适宜散养蛋鸡品种的原则

（一）自主觅食能力好

散养蛋鸡营养摄入中有相当一部分来自野外觅食，通过野外觅食活动，采食各种植被和昆虫及矿物质，这样可以减少补饲料的供给，节省饲料费用。并且通过野外采食活动，鸡本身体质得到了锻炼；还能改善所产鸡蛋的品质，如提高了蛋黄的颜色、降低蛋品中的胆固醇含量等。一般讲，地方品种自主觅食能力强，培育品种相对来讲自主觅食能力差一些。

（二）对不良环境的适应性强

散放养与笼养相比，鸡始终处在大自然环境中，自然界的冷暖和风雨无时无刻不在影响鸡的生长和生产。散放养蛋鸡生产中，通常冬季没有取暖设施，夏季酷暑烈日环境下也要自主采食，雨雪风霜等不利的自然环境条件对鸡的适应性提出要求，适者生存，适应性强的品种在散放养中可取得好的经济效益。

（三）抗病性强

散放养鸡由于能够自由活动，鸡相互之间频繁接触，不可避免的接触到粪便等排泄物，使得接触病原体的几率成倍增加，特别是某些在笼养蛋鸡生产中很少见的寄生虫病，在散养蛋鸡中变

得很普遍。散放养的实践也表明，除了呼吸道传染病外，其他病种，散放养鸡的患病率都比笼养鸡发生严重。

（四）产蛋数量多、就巢性弱

养蛋鸡的目的在于销售鸡蛋，只有饲养产蛋多的品种，才有好的经济效益，就巢不可避免的影响到产蛋。有一点要注意，散放养与笼养相比，同一品种鸡正常情况下的产蛋率要低5%左右，在做产蛋计划时应加以考虑。

（五）所产蛋品质量好、产品畅销受欢迎

应考虑所选品种产的蛋，质量好并有特色，如绿壳蛋鸡产的蛋，胆固醇含量低，含有丰富的微量元素，蛋白品质好，哈夫单位高于其他鸡种，蛋黄中的β球蛋白和γ球蛋白含量高；并且肌肉中各种氨基酸含量明显高于其他鸡种，尤其是赖氨酸、谷氨酸、天冬氨酸含量特别高。我国由于南北地域的不同和文化的差异，消费者的嗜好也有差别，要根据本地的消费习惯来选择适宜的蛋鸡品种。

二、地方品种

（一）蛋用品种

1. 绿壳蛋鸡 绿壳蛋鸡是一类产绿壳鸡蛋的蛋鸡总称，其本质是普通土杂鸡和乌鸡的一种基因突变型，最早发现于江西和湖北等地，后经人们进一步的选育，现形成绿壳蛋鸡的品系或配套系，主要分布在江西、湖北、山东、江苏等地。绿壳蛋鸡属于小型蛋鸡，成年公鸡体重1.6～1.8千克，成年母鸡体重1.2～1.4千克，羽色多为黑羽或麻花羽，喙与胫色多为黑灰色，部分带有乌鸡血统的鸡冠色为灰色或紫色。一般情况下母鸡年产蛋170～200枚，蛋重43～47克，所产鸡蛋中大约有80%的蛋壳呈

浅绿色，这个比例与品系的纯度有关。绿壳蛋鸡性情机敏易受惊，蛋壳质量好，蛋黄颜色相对较深，蛋白浓度高，蛋的风味品质佳，是很有发展前途的优质地方蛋鸡新类型。

2. 仙居鸡 仙居鸡属于小型蛋鸡，又称为梅林鸡，原产于浙江省东南部的丘陵山地中，以仙居县、临海市、天台县等地为主。仙居鸡体型较小，成年公鸡体重1.4～1.6千克，成年母鸡体重仅0.9～1千克。羽色以黄色羽为主，也可见白羽和黑羽，喙和胫为黄色、青色或肉色。仙居鸡活泼好动，自主觅食能力强，开产日龄约135天，普通散养条件下，母鸡年产蛋160～180枚，良好条件时可产蛋200枚以上，经过选育的高产群体年可产蛋220枚以上。平均蛋重42克，蛋品质良好。仙居鸡是我国优良的小型蛋鸡地方品种。

3. 汶上芦花鸡 汶上芦花鸡属于小型蛋鸡，原产于山东省济宁市汶上县汶河两岸、南四湖一带和附近邻近县市。该鸡体表羽毛为黑白相间的横斑羽，即通常群众所称的芦花鸡。成年公鸡体重1.3～1.5千克，成年母鸡体重1.15～1.45千克。汶上芦花鸡体形呈元宝形，清秀美观，胫色多为白色，大约占65%；多为单冠，大约占85%；喙多为青色，大约占60%。良好饲养管理条件下，母鸡年产蛋180～200枚，个别高产母鸡可年产蛋200枚以上。蛋壳颜色为粉色，平均蛋重45克，汶上芦花鸡所产蛋外形整齐，蛋壳质量好，蛋内部品质佳。并且该鸡遗传品质稳定，体型小，耗料少，适应性强，是一个很有特点的地方蛋鸡品种。

4. 白耳黄鸡 白耳黄鸡属于小型蛋鸡，主要产于江西省上饶市和浙江省江山市。该鸡体形矮小，成年公鸡体重1.5～1.8千克，成年母鸡体重1.3～1.5千克。母鸡羽毛颜色为黄色，公鸡羽毛颜色为金红色；喙、胫、皮肤均为黄色（三黄），耳叶为白色，这些特点被视为品种特征。成年母鸡年产蛋180～200枚，蛋重平均53～55克，在地方蛋鸡品种中是属于相对蛋重较重的

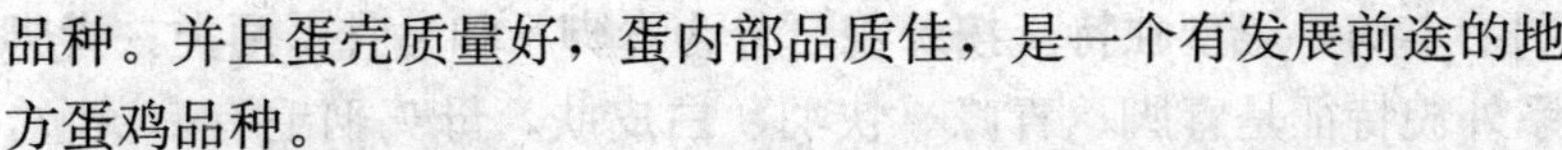

品种。并且蛋壳质量好，蛋内部品质佳，是一个有发展前途的地方蛋鸡品种。

5. 济宁百日鸡　济宁百日鸡属于小型蛋鸡，原产于山东省济宁市，分布在附近的嘉祥、金乡、兖州等市、县。该鸡因早产而得名，早产个体能在100日龄左右开产，最早开产的鸡仅仅80日龄便能见蛋。成年公鸡体重在1.3千克左右，成年母鸡体重1.15千克左右。平均年产蛋180～200枚，部分高产鸡年产蛋200枚以上。初产蛋重32克，年平均蛋重42克，蛋壳颜色为粉色，蛋黄大，可占蛋重的36.9%。济宁百日鸡体重轻，耗料省，抗逆性强，特别罕见的是其早熟性状，是一个优良的地方蛋鸡品种。

6. 柴鸡　又称笨鸡，因体型瘦小如柴而得其名。具有耐粗饲、适应性广、自主觅食能力强、遗传性稳定、抗病性强等特点。主要分布在河北省的广大地区，以太行山的西部地区为主，沿保定、石家庄、邢台、邯郸等地分布。前几年受国外引进品种的影响，在平原地区几乎难觅柴鸡的踪迹，近些年由于消费者对蛋品内在质量要求的提高，柴鸡的饲养得到空前的发展。柴鸡体型矮小细长，羽毛颜色多为浅灰色或苍白色，个别有全黑色或全黄色；成年公鸡体重2千克，成年母鸡体重1.5千克，冠型90%以上为单冠。母鸡在200日龄左右开产，年产蛋100枚以上，高产鸡可达200枚，平均蛋重43克，蛋壳颜色为粉色、褐色或白色。柴鸡蛋的蛋黄大，蛋清稠，食用口味好。是京、津、冀地区蛋鸡地方品种中，饲养量较多的品种。

（二）肉蛋兼用品种

1. 固始鸡　主要产于河南省固始县，因为该鸡羽毛为黄色，也俗称“固始黄”。早在明清时期固始鸡就是宫廷贡品，20世纪50年代开始出口港澳和东南亚地区，60～70年代被指定为京、津、沪特供商品。固始鸡个体中等，外观清秀灵活，体形紧凑，羽毛丰满，尾型独特。按外貌可分为青脚系和乌骨系两类，青脚系外貌特征是青脚、青喙、快羽、白皮肤，母鸡羽毛有麻黄色，公鸡一般为红色羽，黑尾；乌骨系外貌特征是乌脚、乌冠、乌皮肤、乌骨，母鸡羽毛颜色以中麻和黄麻为主，公鸡羽毛颜色深红。成年公鸡体重 1.3～1.5 千克，成年母鸡体重 1.0～1.2 千克，母鸡年产蛋 140～160 枚，平均蛋重 50 克，蛋壳颜色浅褐色。固始鸡性情活泼，敏捷善动，自主觅食能力强。

2. 萧山鸡 原产于浙江省萧山附近，是我国优良的肉蛋兼用鸡地方品种。萧山鸡羽毛颜色分红色和黄色两种，公鸡多为红色羽，主尾羽为黑色；母鸡多为黄色羽或黄麻羽，单冠，喙、胫、皮肤均为黄色。成年公鸡体重 3.0～3.5 千克，成年母鸡体重 2.0～2.5 千克，年产蛋 140～160 枚，蛋重 50～55 克。萧山鸡的显著优点是早期生长快，育肥性能好，肉质细嫩，风味浓郁；其缺点是骨骼粗大，胸肌欠丰满。

3. 大骨鸡 原产于辽宁省庄河县。该鸡体躯硕大，体高腿壮，羽毛颜色公鸡多为棕红色，母鸡为麻黄色。成年公鸡体重大约 2.9 千克，成年母鸡体重大约 2.3 千克，年产蛋 160～180 枚，蛋重 55～60 克，蛋壳颜色深褐色。该鸡肉蛋品质均良好，是我国著名的肉蛋兼用鸡品种之一。

4. 寿光鸡 原产于山东省寿光市。该鸡为肉蛋兼用品种，黑色羽毛，胫、喙青灰色，红色单冠，白皮肤。分大型和中型两种，大型寿光鸡成年公鸡体重 3.5～4.0 千克，成年母鸡体重 2.6～3.0 千克，体形雄伟；中型寿光鸡成年公鸡体重 2.6～2.9 千克，母鸡 2.2～2.7 千克。大型鸡年产蛋 110～130 枚，中型高产鸡可产 200 枚以上。平均蛋重 60 克，蛋壳颜色红褐色，品质良好。

5. 狼山鸡 原产于江苏省如东县一带。是我国著名的肉蛋兼用鸡品种，该鸡体形健壮，昂头，翘尾，呈元宝形。羽毛颜色有绒黑色、黄色和白色等类型。成年公鸡体重 2.8～3.3 千克，

母鸡 2.0～2.4 千克。年产蛋 160～180 枚，蛋重 55～60 克，蛋壳颜色浅褐色。该鸡自主觅食能力强。

6. 莱芜黑鸡　原产于山东省莱芜市，现经莱芜黑鸡育种中心和山东农业大学提纯选育，分为肉用与蛋用两种类型。莱芜黑鸡蛋用型体型轻小，外貌清秀。成年公鸡体重 2.1～2.3 千克，成年母鸡体重 1.4～1.5 千克。大约在 19 周龄开产，年产蛋 220～240枚，平均蛋重 46 克，蛋壳颜色浅褐色，蛋品质优良。其中绿壳蛋配套组合所产蛋多为浅绿色。

三、标准品种

（一）白壳蛋鸡品种

1. 北京白鸡　北京白鸡是北京市种禽公司在引进国外鸡种的基础上选育成的优良蛋用型鸡。它具有体型小、耗料少，产蛋多，适应性强，遗传性稳定等特点。是我国培育的优良白壳蛋鸡品种。目前，优良的配套系是北京白鸡 938，可根据羽速自别雌雄。其主要生产性能指标是：0～20 周龄成活率 94%～98%；21～72周龄成活率 90%～93%；72 周饲养日产蛋数 303 枚；平均蛋重 59.42 克；72 周饲养日产蛋总重 18 千克；料蛋比 2.23～2.31∶1。

2. 海兰白鸡　海兰白鸡是美国海兰国际公司（该公司现已被德国罗曼公司兼并）培育的，美国市场售出鸡蛋的 80%是产自海兰品牌。现有 2 个白壳蛋鸡配套系：海兰 W－36 和海兰 W－77。在美国、日本等主要饲养白壳蛋鸡的国家中，W－36 占有较大的份额，美国鸡蛋市场中 W－36 占第一位。中国也引进了祖代，在白壳蛋鸡中表现很突出。该鸡体型小，性情温顺，耗料少，抗病力强，产蛋多，脱肛及啄羽的发生率低。海兰 W－36 白壳蛋鸡的主要生产性能指标是：育成期成活率 97%～98%；0～18 周龄消耗饲料 5.66 千克；达 50%产蛋率日龄 155 天；高峰产蛋率93%～94%；入舍鸡80周龄产蛋数330～339枚；产蛋期成活率96%；70周龄平均蛋重63克；料蛋比1.99∶1。

3. 尼克白壳蛋鸡 尼克蛋鸡是美国尼克国际育种公司培育的轻型高产蛋鸡。它以体型小，耗料少，产蛋多，蛋形整齐，适应性强而闻名。该鸡的主要生产性能指标是：0～18周龄成活率95%～98%，18周龄体重1.26～1.31千克，平均开产日龄154～170天，60周龄产蛋量220～235枚，累计蛋重13.6千克，料蛋比2.1～2.3∶1；80周龄产蛋量315～335枚，总蛋重19.8千克，18～80周龄料蛋比2.15～2.35∶1。

（二）褐壳蛋鸡品种

1. 海兰褐蛋鸡 海兰褐蛋鸡是美国海兰国际公司培育的高产蛋鸡，因美国国内褐壳蛋的消费量不多，该鸡在美国国内饲养量很少，主要销往海外，海兰褐鸡最大的市场是我国。该品种的特点是产蛋多，死亡率低，饲料报酬高，适应性强，初生雏可据羽色自别雌雄。主要生产性能指标为：育成期成活率96%～98%；产蛋期成活率95%；达50%产蛋率的日龄151天；高峰产蛋率93%～96%；72周龄入舍鸡产蛋量299枚；80周龄入舍鸡产蛋量335枚；72周龄产蛋重19.4千克；80周龄产蛋重21.9千克；料蛋比2.2～2.5∶1。

2. 罗曼褐壳蛋鸡 罗曼褐壳蛋鸡是德国罗曼集团公司培育的高产蛋鸡品种，其特点是产蛋多，蛋重大，饲料转化率高，初生雏可据羽色自别雌雄。主要生产性能指标是：达50%产蛋率日龄145～150天；高峰期产蛋率92%～94%；72周龄产蛋量295～305枚；平均蛋重63.5～65.5克；料蛋比2.0～2.1∶1。

3. 海赛克斯褐蛋鸡 海赛克斯褐蛋鸡是荷兰尤里布里德公司培育的四系配套杂交的著名中型褐壳蛋鸡，其初生雏鸡能按照羽色自别雌雄。主要生产性能指标是：0～18周龄成活率97%；0～18周龄耗料量5.9千克；达50%产蛋率日龄158天；20～72

周龄平均产蛋率76%；产蛋率达80%以上的周数27周；72周龄产蛋量308枚，产蛋重量19.5千克；平均蛋重63.2克；产蛋期平均只鸡耗料量46.6千克；料蛋比2.39∶1。

4. 黄金褐壳蛋鸡　黄金褐壳蛋鸡是美国迪卡布公司研究推出的优良蛋鸡新品种。其主要特点是：体型小，产蛋早，成活率高，产蛋高峰及产蛋后期有持久的产蛋力，耐热。主要生产性能指标是：育成期成活率99%；产蛋期成活率95%；达50%产蛋率日龄145天；高峰期产蛋率93%；72周龄入舍鸡产蛋数305枚；72周龄入舍鸡产蛋总重19.86千克。

5. 矮小型褐壳蛋鸡　矮小型褐壳蛋鸡是中国农业大学培育的国内第一个矮小型蛋用鸡种，其父系为矮小型快羽红羽，母系为正常型慢羽白羽，商品代为羽速自别。其特点是体型小，耗料少，产蛋量稍低。主要生产性能指标是：达50%产蛋率日龄146～156天；高峰期产蛋率94%以上；入舍鸡72周龄产蛋281枚；平均蛋重53～58克；高峰期日耗料95克；料蛋比可达2.06～2.1∶1，可节省饲料30%左右。

（三）粉壳蛋鸡品种

1. 海兰粉壳蛋鸡　海兰粉壳蛋鸡是美国海兰公司培育的高产粉壳蛋鸡。主要生产性能指标：1～18周龄成活率98%；1～18周龄消耗饲料6.0千克；18周龄体重1.45千克；产蛋高峰期产蛋率94%；20～74周龄饲养日产蛋数304枚；20～74周龄成活率93%；达50%产蛋率日龄165天；32周龄平均蛋重60克；74周龄平均蛋重67.3克；74周龄入舍鸡产蛋重18.4千克；料蛋比2.3∶1。

2. 尼克T（珊瑚粉）　该鸡是美国尼克国际育种公司培育的粉壳蛋鸡配套系，该品种在亚洲表现极佳，性情温顺，易于管理，白羽粉壳蛋。主要生产性能指标：1～18周龄成活率97%～98%；1～18周龄消耗饲料6.44千克；18周龄体重1.42

千克；产蛋高峰期产蛋率 95%～97%；18～80 周龄饲养日产蛋数 345～355 枚；18～80 周龄成活率 94%～96%；达 50%产蛋率日龄140～150天；平均蛋重 63.7 克；料蛋比 2.0～2.2：1。

3. 农大粉壳矮小鸡 该鸡是中国农业大学培育的优良蛋鸡配套系。主要生产性能为 120 日龄体重 1.2 千克，成活率为 96%；开产日龄 148～153 天，高峰产蛋率为 93%，72 周龄入舍鸡平均产蛋 278 枚，总蛋重 15.6～16.7 千克，产蛋期成活率 96%，平均蛋重 55～58 克，料蛋比 2.0～2.1：1。

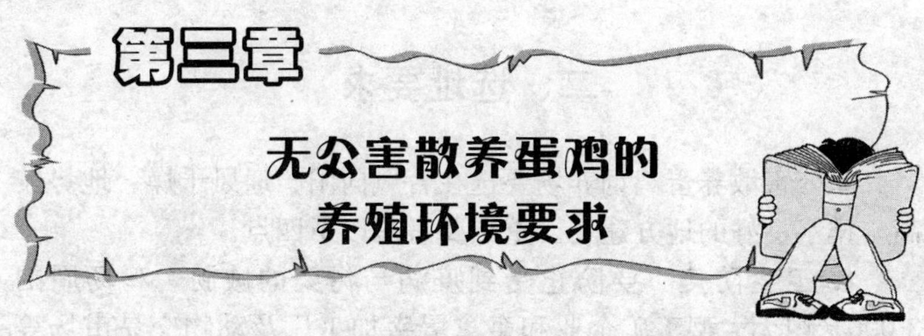

第三章 无公害散养蛋鸡的养殖环境要求

散养蛋鸡场的场址选择既要考虑养鸡生产对周围环境的要求（NY/T 388—1999 畜禽场环境质量标准），也要尽量避免鸡场产生的气味、污物对周围环境的影响，要符合《畜禽养殖业污染防治技术规范》（HJ/T 81—2001）。在建鸡场前，应对该地的水文气象情况了解清楚，作为鸡舍选型、房屋走向、场内布局设计的参考，应收集掌握的资料有：该地区主导风向及风量与风的频率，年降水总量，冬季积雪深度，土壤冬季冻土深度，年平均气温，夏季最高气温与持续天数，冬季最低气温与持续天数，发生被水淹、泥石流的可能及概率。

一、选址原则

1. 鸡场的选址应符合鸡群的生物学特点和行为习性的要求，场周围有充足的放养地，良好的植被覆盖和虫草资源。

2. 应能满足饲养无公害蛋鸡生产防疫措施（如全进全出、区域隔离等）的要求。

3. 应坚持农牧结合、种养平衡的原则，根据本场区土地对鸡粪便的消纳能力，配套具有相应加工处理能力的粪便污水处理设施或处理机制。以达国家或区域对污染物排放必须达标的要求（GB 18596—2001 畜禽养殖业污染物排放标准）。

二、选址要求

无公害散养蛋鸡饲养场要选在背风向阳、通风干燥、地势较高与排水良好的地方建场。重点要考虑以下四点。

1. 卫生防疫 要防止受到疫病与污染的威胁，鸡场周围3 000米内无大型工矿企业和畜禽屠宰加工厂及动物交易市场等污染源，要选在远离村镇的开阔地带，鸡场与居民生活区和主要交通干线相距1 000米以上。

2. 水源 水源要清洁卫生，水质要求见下文的具体说明。要有充足水源，使用前要进行水质检验，地面水易受污染，水质变化大，一般不宜作为鸡场用水，最好能利用公共供水系统或自打深井。

3. 电力供应 鸡场的通风、照明、饲料加工、育雏的供热等都离不开电力，电力配备必须能满足生产需要，电力供应必须要有保障，大型鸡场要有专门线路或自备发电设备。

4. 交通 从防疫角度出发考虑与道路要有一定距离，但考虑运输成本又不要离得太远。路面要平整，雨后无泥泞，在交通不便地点建场，要事先考虑到因大雨或大雪造成道路阻断，供应中断等问题。

三、水质要求

水是鸡最重要的营养物之一。鸡体内一切细胞与组织都含有大量的水，出壳雏鸡体内含水85%左右，成年鸡体内含水65%左右，水实质上是鸡体内最大的组成成分，鸡体缺水10%，将导致代谢紊乱，缺水一旦超过20%便可引起死亡。

水是鸡体内生化反应的参与者，只有在水溶液中，各种营养成分与代谢物呈离子状态，才可能进行分解与合成代谢；

水是体内重要的溶剂，各种营养物质的消化、吸收、运输、代谢产物的排出都需要水做溶剂；水也是各种消化液的组成成分；水对鸡体内渗透压进行调节，水对鸡体内细胞保持正常形态方面有重要作用；水对体温调节起作用；水还有润滑作用。

鸡所需要水量的约75%来自饮水，必须给鸡提供清洁、无污染的饮水，具体的水质要求见表3-1与表3-2。

表3-1　畜禽饮用水水质标准

项　　目		畜	禽
感官性状及一般化学指标	色	≤30°	
	浑浊度	≤20°	
	臭和味	不得有异臭、异味	
	肉眼可见物	不得含有	
	总硬度（以 $CaCO_3$ 计）（毫克/升）	≤1 500	
	pH	5.5～9.0	6.4～8.0
	溶解性总固体（毫克/升）	≤4 000	≤2 000
	氯化钠（以 Cl^- 计）（毫克/升）	≤1 000	≤250
	硫酸盐（以 SO_4^{2-} 计）（毫克/升）	≤500	≤250
细菌学指标	总大肠菌群（个/100毫升）	成年畜10，幼畜和禽1	
毒理学指标（毫克/升）	氟化物（以 F^- 计）	≤2.0	≤2.0
	氰化物	≤0.2	≤0.05
	总砷	≤0.2	≤0.2
	总汞	≤0.01	≤0.001
	铅	≤0.1	≤0.1
	铬（六价）	≤0.1	≤0.05
	镉	≤0.05	≤0.01
	硝酸盐（以N计）	≤30	≤30

表 3-2 畜禽饮用水中残余农药限量标准

单位：毫克/升

项 目	限 值	项 目	限 值
马拉硫磷	0.25	林丹	0.004
内吸磷	0.03	百菌清	0.01
甲基对硫磷	0.02	甲萘威	0.05
对硫磷	0.003	2，4-D	0.1
乐果	0.08		

四、土质要求

鸡场的土质状况对环境及鸡舍建筑施工、投资总额、地面植被的生长及鸡群的健康都有着密切的关系，散放养的鸡长期与地面直接接触，土质的情况对散放养鸡的生产性能和鸡群健康起重要作用。鸡场的土质以沙壤土为宜，这种土壤排水良好，导热性小，微生物不易繁殖，土壤的透水透气良好，可保持干燥，适宜植被生长和建筑鸡舍。混有沙砾或纯沙土的土壤，透气透水良好；但热容量小，温度变化快，昼夜温差大，会使鸡舍内温度波动不稳，并作为建筑用地抗压性弱，其建筑投资要增大，并且这种土壤上的植被生长也不会太好。过于黏性的壤土，下雨后排水能力差，潮湿易积水，使有机质分解放缓，或产生有害气体，污染空气，并可能成为微生物繁殖的良好环境，使寄生虫病或传染病得以流行，这种土质也不适宜于建鸡场。

土壤对鸡的直接影响，是土壤中的微量元素、重金属、有机污染物（主要是农药残毒）和土壤中的微生物与鸡的健康有关。土壤中的有毒有害物质不但对散养鸡有直接影响，而且还会对鸡场的水源造成污染。如果土壤中的有毒有害物质超过标准，当这类物质被鸡直接食入后或与鸡的体表发生接触后，将会直接威胁

到鸡的健康，并且所生产的鸡蛋与鸡肉也会因某些有害物质的富集或残留，达不到无公害食品标准的要求。所以要了解鸡场当地的农药化肥使用情况，要对土壤样品的汞、镉、铬、铅、砷、硒、六六六、滴滴涕等污染物进行检测。

五、空气质量要求

为保证鸡的饲养环境，应保证场区的空气质量符合 GB3095 大气质量的三级标准（见表 3-3）。

表 3-3　大气三级标准下污染物浓度限值

单位：毫克/米^3

污染物	总悬浮微粒	飘尘	二氧化硫	氮氧化物	一氧化碳	光化学氧化剂
日平均	0.50	0.25	0.25	0.15	6.00	0.20
任何一次	1.50	0.70	0.70	0.30	20.00	

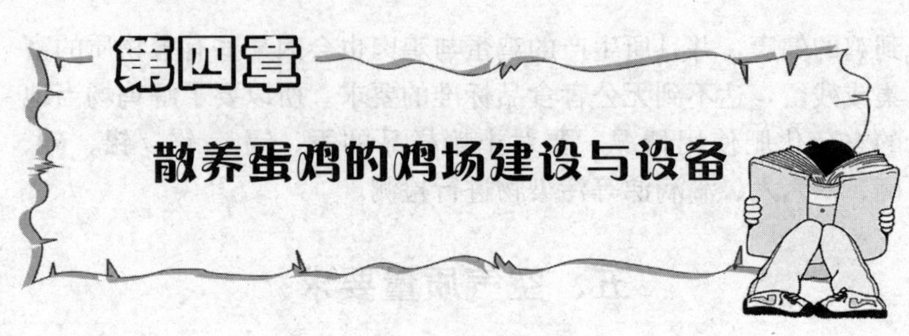

第四章 散养蛋鸡的鸡场建设与设备

一、平面布局与综合规划

不管饲养什么类型、什么品种的鸡场，在考虑规划布局问题时，均要以有利于防疫、排污和生活为原则。尤其应考虑风向和地势，通过鸡场内各建筑物的合理布局来减少疫病的发生和有效控制疫病。养鸡场各种房舍和设施的分区规划，主要从有利于防疫、有利于安全生产出发（图 4－1）。

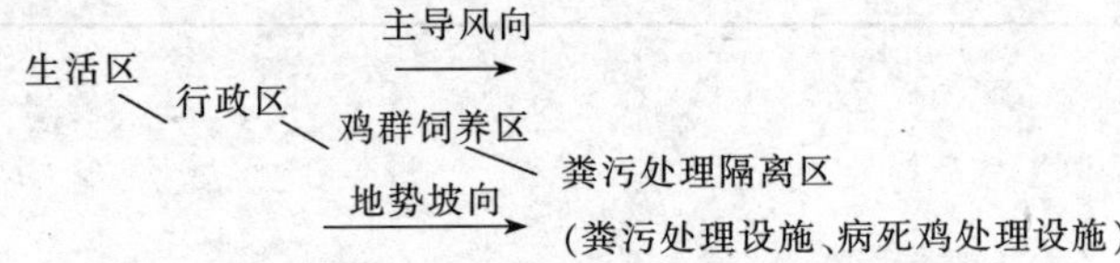

图 4－1　散养蛋鸡场的平面布局图

鸡场内生活区和行政区、生产区应严格分开并相隔一定距离，生活区和行政区在风向上与生产区相平行。有条件时，生活区可设置于鸡场之外，把鸡场变成一个独立的生产机构，这样既便于信息交流及商品销售，又有利于养殖场对传染病的控制。否则，如果隔离措施不严，将会造成防疫工作的重大失误，使各种疫病的传染链切不断，疫病连绵不断地发生，导致养鸡失败。

生产区是鸡场布局中的主体，应慎重对待。最好能做到同一鸡场仅饲养同一批次同日龄鸡，如条件不允许也要保证同一鸡舍

仅饲养同一批次同日龄的鸡。鸡场生产区内，应按规模大小、饲养批次、日龄将鸡群分成数个饲养小区，区与区之间应有一定的隔离距离，每栋鸡舍之间应有隔离措施，如隔离栏、绿化带、沟壕等。各鸡舍、区域间最小距离见表 4－1。

表 4－1　鸡舍、区域间距离

单位：米

间距名称	最小距离
育雏、育成舍间距	50
产蛋鸡舍间距	50
育雏、育成舍与产蛋鸡舍间距	100
生活区与生产区间距	150
生活区与粪污处理隔离区	300
生产区与粪污处理隔离区	150

鸡场内道路布局应分为清洁道和脏污道，其走向为育雏舍、育成舍、成年鸡舍，各舍有入口连接清洁道；脏污道主要用于运输鸡粪、死鸡及鸡舍内需要外出清洗的脏污设备，其走向也为育雏舍、育成舍、成年鸡舍，各舍均有出口连接脏污道。清洁道和脏污道相互不能交叉，以免污染。生产区内布局还应考虑风向，从上风方向至下风方向，按鸡的生长期应安排育雏舍、育成舍和成年鸡舍。这样有利于保护重点鸡群的安全。鸡场为了环境保护、防疫和促进安全生产、提高经济效益应有绿化隔离带（低矮植物为好），以隔离净化各个区域。

二、建筑设计

在进行鸡舍建筑设计时，应根据资金情况、鸡舍类型、饲养对象来考虑鸡舍内地面、墙壁、屋顶外形及通风条件等因素，以求达到在资金投入合理条件下，舍内环境满足生产的需要。

(一) 鸡舍类型

1. 开放式鸡舍 这种鸡舍适用于广大农村地区，我国大部分养鸡场尤其是农村养鸡户均采用此种鸡舍。开放式鸡舍是采用自然通风和自然光照加人工补光的形式，鸡舍内温度、湿度、光照、通风等环境因素控制得好坏，取决于鸡舍设计、鸡舍建筑结构的合理程度。同时，鸡舍内饲养鸡的品种、数量的多少、产蛋箱和栖架的安放方式等均会影响舍内通风效果，温、湿度及有害气体的控制等。因此，在设计开放式鸡舍时要充分考虑到以上因素。通常散养蛋鸡中绝大多数采用开放式鸡舍。在我国南方由于炎热，有的地区开放式鸡舍只有简易的顶棚，而四壁全部敞开；还有的地区开放式鸡舍，三面有墙，南向敞开；最多见开放式鸡舍是四面有墙，南墙留有大窗，北墙留有小窗的有窗鸡舍。有窗鸡舍的所有窗户都要安装铁丝网，以防止飞鸟和野兽进入鸡舍。

2. 封闭式鸡舍 这种鸡舍建筑成本昂贵，要求 24 小时能提供电力等能源，技术条件也要求较高，封闭式鸡舍无窗、完全封闭，顶盖和四周墙壁隔热性能良好，舍内通风、光照、温度和湿度等都靠机械设备进行控制。这种鸡舍能给鸡群提供适宜的生长环境，但离散养蛋鸡的初衷相差甚远，故我国散养蛋鸡除育雏舍外多数都不采用此种鸡舍。

(二) 鸡舍面积

当养鸡的数量一定时，鸡舍面积的大小直接影响鸡的饲养密度，合理的饲养密度可使雏鸡获得足够的活动范围，充足的饮水、采食空间，有利于鸡群的生长发育。密度过高后会限制鸡群的自由活动，并且造成空气污染、温度增高，还会诱发啄肛、啄羽等现象发生。同时，由于拥挤，有些弱鸡经常吃不到足够的饲料，结果体重不够，造成鸡群均匀度过低。反之，密度过小，会增加设备和人工及各种分摊费用，保温也较困难。通常地面平养

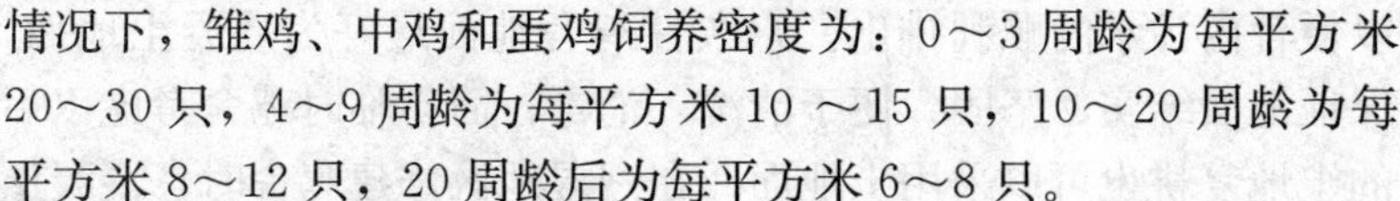

情况下，雏鸡、中鸡和蛋鸡饲养密度为：0～3 周龄为每平方米 20～30 只，4～9 周龄为每平方米 10 ～15 只，10～20 周龄为每平方米 8～12 只，20 周龄后为每平方米 6～8 只。

（三）屋顶形状

鸡舍屋顶形状较多，有单坡式、双坡式、双坡不对称式、拱式、平顶式、钟楼式和半钟楼式等。一般根据当地的气候、建筑材料的价格、鸡场的规模和通风换气要求等因素来决定。如单坡式鸡舍一般跨度较小，适合小规模的养鸡场，双坡式或平顶式鸡舍跨度较大，适合较大规模的鸡场。双坡不对称式鸡舍，采光和保温效果都好，适合我国北方地区。在南方干热地区，屋顶可适当高些以利于通风，北方寒冷地区可适当矮些以利于保温。生产中大多数鸡舍采用三角形屋顶。屋顶材料要求绝热性能良好，以利于夏季隔热和冬季保温。

（四）鸡舍墙壁和地面

墙壁是鸡舍的围护结构，要求能防御外界风雨侵袭，隔热性能良好，为舍内的鸡只提供适宜环境。墙壁的建材过去多用砖混结构，现多用彩钢板结构，内墙设计上应做到能防潮和便于冲刷。开放式鸡舍育雏室要求墙壁保温性能良好，并有一定数量可开启、可密闭的窗户，以利于保温和通风。育成鸡舍和蛋鸡舍前、后墙壁有全敞开式、半敞开式和开窗式几种。敞开式一般敞开 1/3～1/2，敞开的程度取决于气候条件和鸡的品种类型。敞开式鸡舍在前、后墙壁进行一定程度的敞开，但在敞开部位安装防护网后加装上玻璃窗，或沿纵向装上尼龙布等耐用材料做成的卷帘，这些玻璃窗或卷帘可关、可开，根据气候条件和通风要求随意调节；开窗式鸡舍则是在前、后墙壁上安装一定数量的窗户，用来调节室内温度和通风。

鸡舍地面应高出舍外地面 0.3～0.5 米，舍内应设排水孔，以便舍内污水的顺利排出。永久性鸡舍地面最好为混凝土地面，保证地面结实、坚固，便于清洗、消毒；简易临时鸡舍考虑以后的土地复耕也可以采用土地面。在潮湿地区修建鸡舍时，混凝土地面下应铺设防水层，防止地下水湿气上升，保持地面干燥。为了有利于舍内清洗消毒时的排水，中间地面与两边地面之间应有一定的坡度。

三、鸡场的设备

（一）环境控制设备

任何一个优良的鸡品种，如果没有良好的环境控制设备来保持鸡舍的环境，它的生产性能是不会发挥出来的，因此，良好的环境控制设备是养鸡场的效益基础。

1. 通风换气设备　在炎热的夏天，当气温超过 30℃后，鸡群会感到极不舒适，鸡的生长发育和产蛋性能会严重受阻，此时除了采取其他抗热应激和降温措施之外，加强舍内通风是主要的手段之一。通风设备一般有轴流式风机、离心式风机、吊扇和圆周扇。通风方式是采用风扇送风（正压通风）、抽风方式（负压通风）和联合式通风，安装位置应安放在使鸡舍内空气纵向流动的位置，这样通风效果才最好，风扇的数量可根据风扇的功率、鸡舍面积、鸡只体重大小和数量的多少，温度的高低来进行计算得出。

2. 温度控制设备

（1）供温设备　主要是育雏时供温。

①烟道供温：烟道供温有地上水平烟道和地下烟道两种。地上水平烟道是在育雏室墙外建一个炉灶，根据育雏室面积的大小在室内相应用砖砌成一个或两个烟道，一端与炉灶相通。烟道排列形式因房舍而定。烟道另一端穿出对侧墙后，沿墙外侧建一个较高的烟囱，烟囱应高出鸡舍 1 米左右，通过烟道对地面和育雏室空间加温。地下烟道与地上烟道相比差异不大，只不过炉灶和

室内烟道建在地下。烟道供温应注意烟道不能漏气，以防一氧化碳气中毒。在北方早春育雏时，如果育雏舍内温度低，可在离地面1米高处用塑料薄膜隔断，形成一个小矮室，以提高育雏温度。烟道供温时室内空气新鲜，粪便干燥，可减少疾病感染，适用于广大农户养鸡和中小型鸡场。

②煤炉供温：煤炉由炉灶和铁皮烟筒组成。使用时先将煤炉加煤升温后放进育雏室内，炉上加铁皮烟筒，烟筒伸出室外，烟筒的接口处必须密封，以防煤烟漏出，致使雏鸡发生一氧化碳中毒死亡。烟筒由煤炉到室外要逐步向上倾斜，到达室外后应垂直指向上方，并要根据室外的风向进行调整，以免烟筒口迎风，使煤炉倒烟，而不利于燃气的排出，造成雏鸡一氧化碳中毒。在距煤炉15厘米的周围要用铁丝网或石棉瓦等隔离，以防雏鸡进入煤炉烧死或周围垫料燃烧引起火灾。如果育雏舍保温性能良好，一般每15～20米^2 配置一个煤炉。此方法适用于较小规模的养鸡户使用，方便简单。

③保温伞供温：保温伞由伞部和内伞两部分组成。伞部用镀锌铁皮或纤维板制成伞状罩，内伞有控温系统、热源、灯泡等。自动控温系统可根据设定的温度，自动控制热源的供热与否。热源用电阻丝、电热管或燃气热源等，安装在伞内壁周围，伞中心安装电灯泡用于夜间照明。直径为2米的保温伞可育雏鸡300～400只。应用保温伞育雏时，要求能保证室温24℃以上、伞下缘距地面高度5厘米处温度可达35℃，雏鸡可以在伞下自由出入。在用保温伞育雏时，要配套有护围，防止雏鸡育雏开始时走失，找不到热源，雏鸡3日龄后护围逐渐向外扩大，10日龄后撤掉护围，此种方法一般用于平面育雏。当冬季使用保温伞育雏时，多半需要有暖气或煤炉等其他室内加热设备。

④红外线灯泡供温：利用红外线灯泡散发出的热量育雏，简单易行，被广泛使用。为了增加红外线灯的取暖效果，可在灯泡上部制作一个大小适宜的保温灯罩，红外线灯泡的悬挂高度一般

离地 25～30 厘米。一只 250 瓦的红外线灯泡在室温 25℃时一般可给 110 只雏鸡供温，20℃时可给 90 只雏鸡供温。采用红外线灯泡育雏时最好配套用乳头饮水器，因为其他饮水方式可能将水点抛向红外线灯泡，一旦发生这种情况，灯泡将会爆裂。同保温伞育雏一样，在冬季用红外线灯泡育雏，也要配套其他室内加热设备。

⑤远红外线加热供温：远红外线加热器是由一块电阻丝组成的加热板，板的一面涂有远红外涂层（黑褐色），通过电阻丝热激发红外涂层，而发射一种肉眼见不到的红外光，使室内加温。安装时将远红外线加热器的黑褐色涂层向下，离地 2 米高，用铁丝或圆钢、角钢之类固定。8 块 500 瓦远红外线加热板可供 50 米^2 育雏室加热。最好是在远红外线加热板之间安上一个小风扇，使室内温度均匀，这种供温法耗电量较大，但育雏效果较好。

⑥其他供暖设备：如暖气、辐射采暖板、采暖散热片、暖风机、热风炉等。

（2）降温设备　湿帘/风扇降温系统是利用水的蒸发降温原理来实现降温目的。系统组成由湿帘箱、循环水系统、轴流式风机和控制系统四部分组成，此种降温方式降温效果好。低压喷雾系统的喷嘴安装在舍内的上方，以常规的压力进行喷雾降温。高压喷雾系统是由泵组、水箱、过滤器、输水管、喷头固定架组成，此种方法降温快。

3. 光照控制设备　光照是舍内环境控制中的一个比较重要的因子。光照控制设备包括照明灯、电线、电缆、光照控制系统和配电系统。密闭鸡舍适用的有遮光流板和 24 小时可编光照程序控制器。现生产的光照控制器，价格不高，可按程序设定开灯、关灯时间指令，简单方便，控时精确，光照强度可调，开关灯有渐明和渐暗功能，可消除应激反应，防止惊群，并延长灯泡使用寿命。

（二）清洗消毒设备

清洗消毒设备主要有：火焰消毒器、喷雾消毒器、高压冲洗

消毒器、自动喷雾器等。

（三）笼网设备

1. 平面网上育雏设备　雏鸡饲养在鸡舍内离地面一定高度的平网上，平网可用金属、塑料或竹木制成，平网离地高度80～100厘米，网眼为1.2厘米×1.2厘米。这种方式雏鸡不与地面粪便接触，可减少疾病传播。

2. 立体育雏设备　雏鸡饲养在鸡舍离开地面的重叠笼或阶梯笼内，笼子可用金属、塑料或竹木制成，规格一般为1米×2米，这种方式虽然增加了育雏笼的投资成本，但有以下几方面的优点：提高了单位面积的育雏数量和房屋利用率；雏鸡发育整齐，减少了疾病传染，提高了成活率。

（四）饮水设备

鸡舍内饮水设施的种类很多，发展趋势是以节水和利于防疫为主，可根据不同的饲养方式选择相适应的饮水设备。

1. 过滤器和减压装置　过滤器为滤去水中的杂质。鸡场一般使用水塔供水，其水压为51～408千帕，适用于水槽或吊塔式饮水器饮水，若使用乳头式或杯式饮水系统时，必须安装减压装置。减压装置常用的有水箱和减压阀两种，特别是水箱，结构简单，便于投药，生产中使用较普遍。

2. 水槽　是生产中较为普遍的供水设备。但耗水量大，易传播疾病。饮水槽分V形和U形两种，材料有镀锌板、塑料、玻璃钢、搪瓷等，深度为50～60毫米，上口宽50毫米，长度按需要而定。

3. 饮水器　常用的有真空式、吊塔式、乳头式、杯式等多种。平养鸡舍多用真空式和吊塔式或乳头式，其中乳头式饮水器具有较多的优点，可保持供水的新鲜、洁净，极大地减少了疾病的发病率；节约用水，水量充足且无湿粪现象，改善了鸡舍的环境。乳头式饮水器由阀芯与触杆组成，阀芯直接与水管相连，由于毛细管的作用，触杆的端部经常悬着一滴水，每当鸡需要饮水时，只要啄动触杆，水即流出，当鸡饮水完毕，不再啄动触杆，触杆将水路封闭，水即停止外流。乳头式饮水器要安装在鸡的上方，让鸡抬头饮水，要随鸡体重的变化逐步调高饮水器的高度。

（五）饲喂设备

料塔和供料输送装置是机械化养鸡设备之一。供料输送装置分为固定式的喂料机和移动式的给料车。喂料机有链式、塞盘式、螺旋弹簧式等。给料车有骑跨式给料车、行车式给料车、手推式给料车等。料槽，料盘即可用于机械化供料，也可用于人工供料。小规模散养时，人工供料的料槽长度一般为 1～1.5 米，为防止鸡能踏入料槽弄脏饲料或在槽边栖息，可在槽上安上一个转动的横梁。料桶包括一个无底的圆桶和一个直径比圆桶大的料盘，通过调节圆桶与料盘的间距来控制供料的快慢，当鸡将料盘中的饲料采食完，圆桶中的饲料通过与料盘的间隙自动补充到料盘中。圆桶中没有饲料后，要人工补充添加，料桶只能用于人工供料。

（六）栖架

鸡属于鸟类，有择木而栖的习性，散养蛋鸡每到天黑前，总想在鸡舍内找一个高处栖息。如果没有栖架，个别鸡会飞到窗台或其他高处过夜，多数鸡则拥挤成一团栖伏在地面上，这时各种寄生虫很易侵袭鸡群，对鸡只的健康生长不利。散养蛋鸡必须要有栖架，每只成年蛋鸡要有 20 厘米宽的栖位，栖木的直径应大于 5 厘米。

（七）断喙器

断喙器有各种型号，使用方法也各不相同。但基本原理都是采用红热烧切，在断喙的过程中又进行止血。断喙器主要由调温器、变压器、上（动）刀片和下刀口组成。它通过变压器将 220 伏电压变成低电压大电流，使动刀片的工作温度达 820℃以上，通过调温器可以改变刀片温度的大小，以适应不同日龄鸡只的需要。动刀片是断喙器的主要工作部件，刀片的红热程度直接影响到断喙的质量，当断喙的鸡数达到一定数量后，刀片的红热程度有所下降，这时应关掉电源，将刀片卸下，用砂纸打磨刀片的接触部位，然后装紧刀片继续断喙。一定要保证上述操作时断电，因为带电操作不安全，并且带电紧螺丝，极易将螺丝拧坏。

（八）产蛋箱（窝）

散养蛋鸡要有产蛋箱（窝），产蛋箱（窝）的形状和制作材料可以因地制宜。如砖石堆砌、木（铁）板钉制、草（滕、竹）编织等各种方法。具体尺寸可考虑所饲养蛋鸡品种的体型大小，一般内部空间为宽 30～35 厘米，进深 35～40 厘米，高 35～40 厘米。每 5 只产蛋母鸡配置一个产蛋箱（窝），放置在离地 30 厘米高度以上安静避光处，如果双层或三层摆放，上层产蛋箱要设有踏板，以方便产蛋母鸡进入产蛋箱（窝）。

（九）诱虫设备

要有黑光灯、高压灭蛾灯、荧光灯、白炽灯、电杆、电线、性激素诱虫盒等。没有电源的地方还要有小型风力发电机和蓄电池或太阳能蓄电池，有沼气的地方也可用沼气灯作为光源。

（十）捉鸡与装鸡工具

常见的简易捉鸡工具是捕鸡兜、捕鸡笼、拦鸡网和捉鸡钩。

1. 捕鸡兜　捕鸡兜是一个直径 30～40 厘米的圆圈，固定在约 1.5 米高的手柄上，圆圈上有一个半封闭的线绳网兜或塑料网兜。使用时用网将鸡扣在地面，也可沿地面将鸡兜入网中，捕鸡兜适于户外捉鸡。

2. 捕鸡笼 捕鸡笼是铁丝、竹木或塑料制成的鸡笼，在笼子上面和侧壁开有小门，捕鸡时将鸡笼侧壁小门打开，对准鸡舍的小出口，将鸡赶入笼中。

3. 捉鸡钩 捉鸡钩用稍带钢性的 8＃铁丝做成，长度相当于人的体高，过长或过短在钩鸡使用时都不方便。将一端弯成手持的手柄，另一端弯成不对称的 W 弯，根据所捕捉鸡只胫骨的粗细调节 W 弯张开角度，捉鸡钩适合在大群中捉鸡。

4. 拦鸡网 拦鸡网用木框或钢筋架和铁丝网制成，用高 130 厘米、宽 50 厘米的网片 6～8 片，网片间用铁丝、绳子或折页连在一起，使用时将鸡圈围在网中，人进入到网中捉鸡。

5. 鸡笼 盛鸡与运鸡的鸡笼要根据鸡体重的大小而定，一般在育雏结束开始放养用的小鸡笼，笼子的网眼直径为 1 厘米左右，每笼装 30～50 只鸡；装成鸡的成鸡笼，笼子网眼直径为 3 厘米左右，每笼装 10～20 只鸡。

（十一）其他设备

其他设备有清粪设备、集蛋设备和连续注射器等。

鸡场常用设备示意图见图 4－2～图 4－9。

图 4－2 风 机

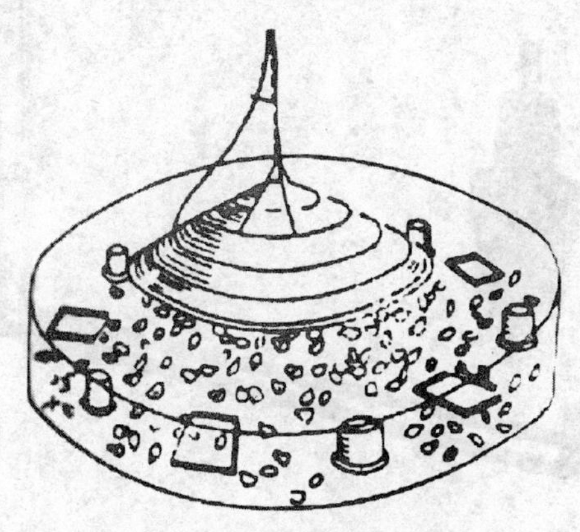

图 4-3　育雏保温伞和护围

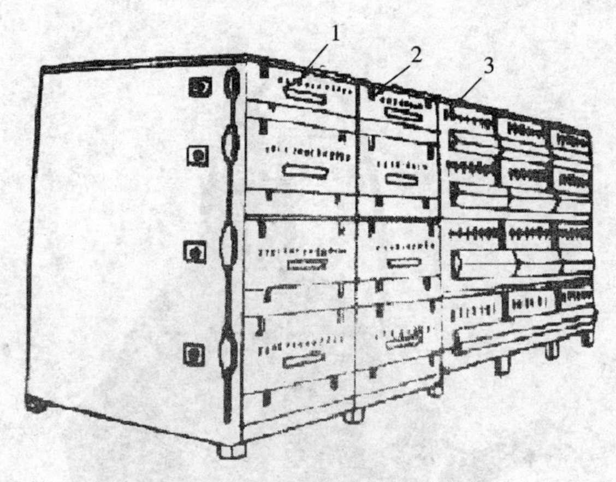

图 4-4　电热育雏笼

1. 加热育雏笼　2. 保温育雏笼　3. 鸡活动笼

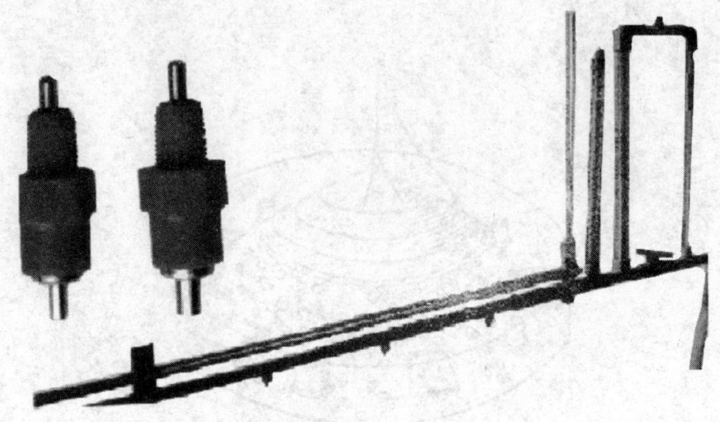

带冲洗的压力控制系统

图 4-5 乳头饮水器系统

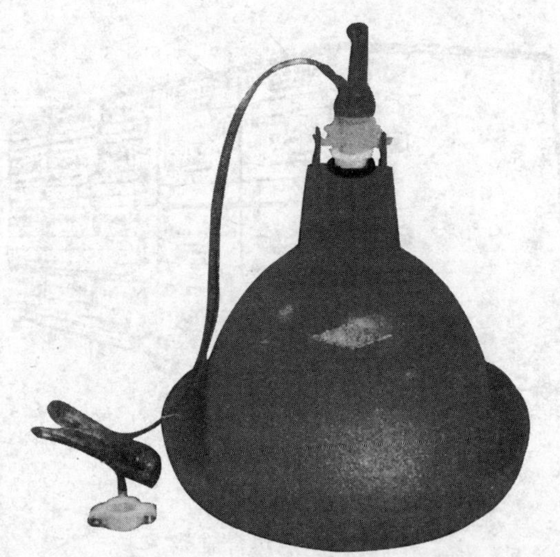

图 4-6 吊塔式饮水器（普拉松）

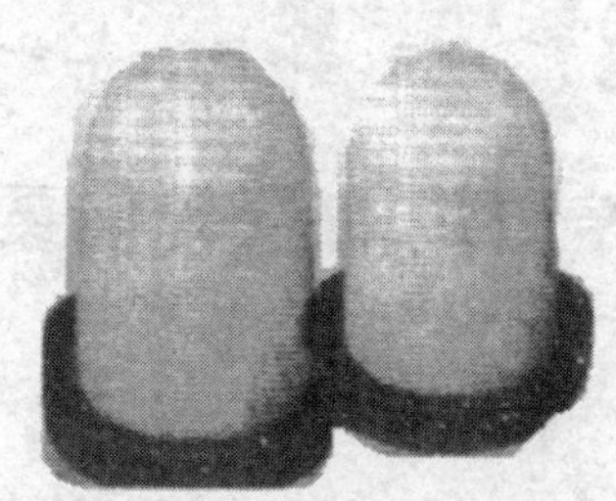

图 4－7　普通饮水器（真空式）

图 4－8　料　桶

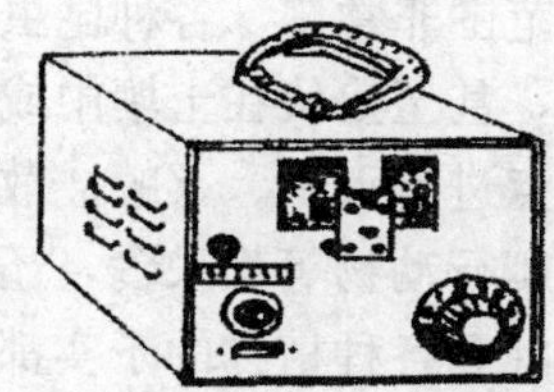

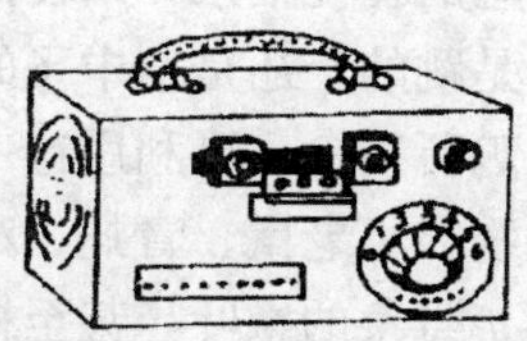

图 4－9　断喙器

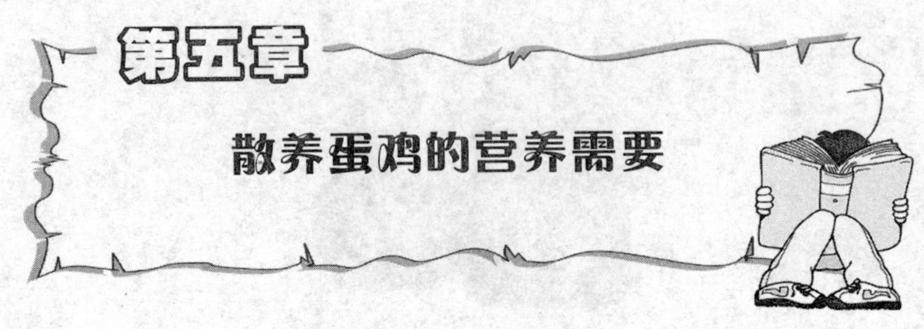

第五章 散养蛋鸡的营养需要

一、散养鸡的采食特点

散养鸡由于鸡本身能自由地接触土壤地面和周围的植被环境，在经过人们适当的调教后，散养鸡会从地面和植被中自主觅食各种昆虫、植被柔嫩的茎叶或子实，从土壤中觅食鸡自身所需的各种矿物质元素和其他一些营养物质。特别是在饲养某些地方品种鸡时，这种自主觅食能力特别地强，散养鸡在觅食过程中可以啄出植被的根茎，采食其中的可食部分，这个采食过程也践踏死杂草，可利用这一点进行棉田的除草。

散养鸡的食性很杂，采食的范围非常广，各种昆虫无论地上爬的，还是跳的，还是空中飞的，甚至蛰伏在土壤中或植被上的昆虫都被鸡所采食，可利用这一点进行灭虫、灭蝗。散养鸡对各种幼小动物如小老鼠、青蛙、小爬行动物等都采食，还对各种青草、蔬菜、野菜的嫩叶，甚至树叶和各种植物的子实都采食，总之食性很广。

对规模饲养的散养鸡，要清楚地认识一点，即无论所饲养的是什么品种，在什么饲养季节，仅仅依靠鸡的自主采食活动，来集约化生产鸡蛋是绝对行不通的，要想获得好的效益，散养鸡必须要进行补饲。

鸡喜欢采食颗粒状饲料，有人习惯用整粒的或破碎的谷物作

为补料，但单一的谷物营养成分不平衡。优质颗粒配合料具有营养价值全面、养分含量集中、鸡易采食、在饲喂过程中浪费少，并且在颗粒料的制粒加工过程中有灭菌作用等优点，是散养鸡补饲饲料的最佳形态。鸡在采食颗粒料后，可促进唾液的分泌，增强胃肠的蠕动，有利于促进营养物质的消化与吸收。

二、鸡的营养需要

（一）维持需要与生产需要

鸡的营养需要分为维持需要与生产需要两部分。散养蛋鸡的维持需要是在蛋鸡体重保持不变，并不进行生产（产蛋），维持机体过程与活动（如心跳、新陈代谢、保持体温和自主随意运动等）情况下，鸡体内的营养物质和组成成分不变，其分解代谢（负平衡）和合成代谢（正平衡）处于相对平衡状态下的营养需要。

周围的环境（如温度等）、鸡本身的生理状态（如产蛋率等）、体重、管理上的因素（如饮水、饲料、饲喂等）都会影响维持需要量。散养蛋鸡由于运动量明显大于笼养蛋鸡，其维持需要量也要相应提高。

在维持状态下，鸡的体组织和营养成分不变，这只是相对而言，因为运动是绝对的，只要存在生命活动，就要有新陈代谢，体组织将不断处在一个更新的动态过程中，所以在维持状态下，鸡也需要每天补充各种营养物质。

分析研究散养蛋鸡维持需要的意义在于，当鸡所摄入的营养成分不能满足其本身维持需要情况下，鸡就会动用体内的养分储备，这时会造成体重减轻、体质下降，严重时甚至死亡；当鸡所摄入的营养物质超过维持需要后，则多出部分用于生产，表现为产蛋或体重增加；在散养鸡的生产实践中，为了减少不必要的饲料消耗，要通过管理手段，尽可能地减少维持需要，增加生产需要，从而提高散养蛋鸡的生产效率与经济效益。

（二）能量需要

鸡的一切生命活动都与能量有关，鸡只生长发育、繁殖产蛋、维持体温等一切活动都需要能量。鸡对营养物质需要方面，除水以外能量占最大的比例；鸡所采食的饲料中三种有机成分可为鸡体提供能量，它们分别是碳水化合物、脂肪和蛋白质，其中最主要的能量提供者是碳水化合物。鸡只所需要的能量除直接取自消化道吸收的葡萄糖和挥发性脂肪酸外，还可以取自体内贮备的糖原和体脂肪，必要情况下，体蛋白也可用于产生能量。

1. 能量单位及能量在鸡体内的转化 对于鸡摄入和消耗的能量，过去用热量单位“卡”表示，即1克水从14.5℃升高到15.5℃所需的热量，在生产实践中多用千卡或兆卡作为单位。但营养物质在体内氧化并不是简单的产热，还伴随着做功，所以用热量计量单位来表示能量，有某种程度的不合理因素，国际营养科学协会提议改用“焦耳”为能量计量单位。1焦耳相当于用1牛顿力将1克质量物质移动1米所需的能量。1卡＝4.184焦耳，1千卡＝4.184千焦耳，1兆卡＝4.184兆焦耳。目前，国内的法定能量计量单位是焦耳，但仍然有人习惯用卡来表达。

饲料中的能量物质在鸡体内完全氧化后，生成二氧化碳和水，同时产生能量，图5-1表示饲料能量在鸡体内消化代谢过程和能量的利用与分布关系。

2. 碳水化合物营养作用 碳水化合物是鸡只饲料的重要组成部分，负担着向鸡体提供大部分能量的任务，它们一般占鸡日粮组成的50%以上。在植物性饲料中，碳水化合物有时占干物质的75%以上。碳水化合物按分子结构不同，分为单糖与多糖。表5-1是碳水化合物基本结构单位。

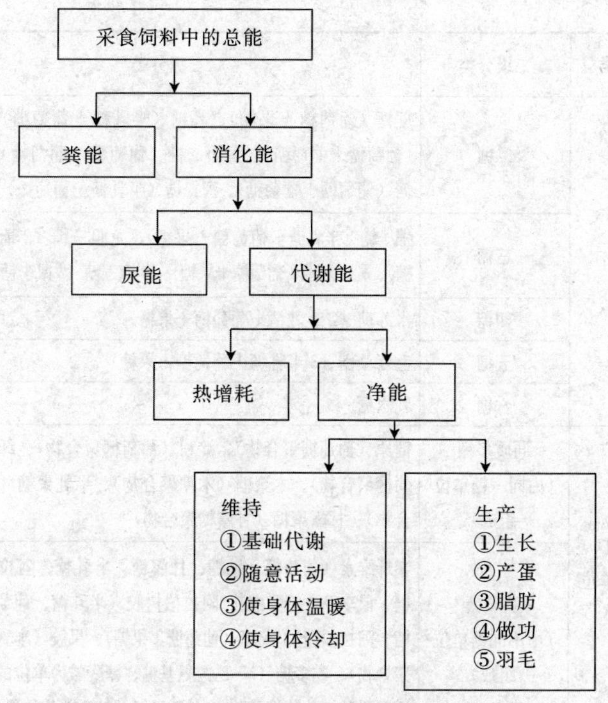

图 5－1　鸡体内能量的利用与分布

表 5－1　碳水化合物及其分类表

一级分类	二级分类	三级分类
单糖	丙糖	甘油醛、二羟丙酮
	丁糖	赤鲜糖、苏阿糖等
	戊糖	核糖、核酮糖、木糖、木酮糖、阿拉伯糖等
	己糖	葡萄糖、果糖、半乳糖、甘露糖等
	庚糖	景天庚酮糖、葡萄庚酮糖、半乳庚酮糖等
	衍生糖	脱氧糖（脱氧核糖、岩藻糖、鼠李糖）、氨基糖（葡萄糖胺、半乳糖胺）、糖醇（甘露糖醇、木糖醇、肌醇等）、糖醛酸（葡萄糖醛酸、半乳糖醛酸）

（续）

一级分类	二级分类	三级分类
低聚糖（2～10个糖单位）	二糖	蔗糖（葡萄糖＋果糖）、乳糖（半乳糖＋葡萄糖）、麦芽糖（葡萄糖＋葡萄糖）、龙胆二糖（葡萄糖＋葡萄糖）、纤维二糖（葡萄糖＋葡萄糖）、密二糖（半乳糖＋葡萄糖）
	三糖	棉子糖（半乳糖＋葡萄糖＋果糖）、龙胆三糖（2葡萄糖＋果糖）、松三糖（2葡萄糖＋果糖）、刺槐三糖（2鼠李糖＋半乳糖）
	四糖	水苏糖（2半乳糖＋葡萄糖＋果糖）
	五糖	毛蕊草糖（3半乳糖＋葡萄糖＋果糖）
	六糖	乳六糖
多聚糖（10个糖单位以上）	同质多糖（由同一糖单位组成）	糖原（葡萄糖聚合物）、淀粉（葡萄糖聚合物）、纤维素（葡萄糖聚合物）、木聚糖（木糖聚合物）、半乳聚糖（半乳糖聚合物）、甘露聚糖（甘露糖聚合物）
	杂多糖（由不同糖单位组成）	半纤维素（葡萄糖、果糖、甘露糖、半乳糖、阿拉伯糖、木糖、鼠李糖、糖醛酸）、阿拉伯树胶（半乳糖、葡萄糖、鼠李糖、阿拉伯糖）、菊糖（葡萄糖、果糖）、果胶（半乳糖醛酸的聚合物）、黏多糖（N-乙酰氨基糖、糖醛酸为单位的聚合物）、透明质酸（葡萄糖醛酸、N-乙酰氨基糖为单位的聚合物）
其他化合物	几丁质	N-乙酰氨基糖、碳酸钙的聚合体
	木质素	苯基丙烷衍生物的不定型多聚体
	硫酸软骨素	葡萄糖醛酸、N-乙酰氨基半乳糖硫酸脂的聚合物

鸡能从可消化的多糖——淀粉、二糖——蔗糖与麦芽糖、单糖——葡萄糖、果糖、甘露糖和半乳糖中获得所需能量。从能量利用分布上可知，鸡只一切生命活动都离不开能量，碳水化合物是体内能量的主要来源，如心脏跳动及血液循环，维持正常体温等都需要能量；鸡只的生长与产蛋也同样需要能量。同时，碳水化合物也是机体不可缺少的组成成分，如核糖参与细胞核酸的组成，半乳糖与类脂是神经组织的必需物质，糖蛋白是糖类与蛋白

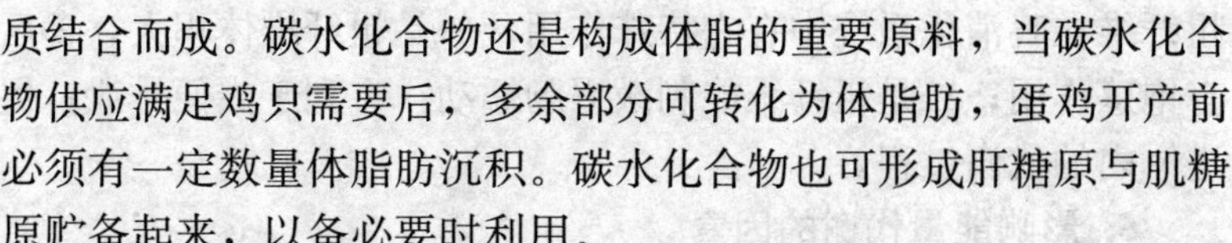

质结合而成。碳水化合物还是构成体脂的重要原料，当碳水化合物供应满足鸡只需要后，多余部分可转化为体脂肪，蛋鸡开产前必须有一定数量体脂肪沉积。碳水化合物也可形成肝糖原与肌糖原贮备起来，以备必要时利用。

当饲料中碳水化合物供应满足不了鸡只需求后，为保证正常生命活动，鸡只开始动用体内贮备的糖原与体脂肪，仍不能满足后，则开始代谢蛋白质以供应能量，这种情况发生后，鸡只消瘦，体重减轻，生产能力下降，所以生产实践中要保证碳水化合物充分供给。

3. 脂肪营养作用　脂肪分为真脂肪与类脂两大类。真脂肪由脂肪酸与甘油结合而成，真脂肪可向机体提供能量，它所含的热量最高，相同重量的脂肪完全氧化后释放的热量是碳水化合物或蛋白质的 2.25 倍。脂肪中某些不饱和脂肪酸，如亚麻油酸（十八碳二烯酸）、次亚麻油酸（十八碳三烯酸）、花生油酸（二十碳四烯酸）是动物营养中的必需脂肪酸，必须由饲料中供给，才能满足鸡只需要。试验证明，缺乏必需脂肪酸，雏鸡生长受阻，严重时会引起死亡。所幸在鸡采食的饲料中，广泛含有必需脂肪酸，一般情况下不会发生缺乏症。类脂中的磷脂与固醇类是动物细胞中重要成分，与糖及蛋白质组成原生质；另外，糖脂在脑组织与神经组织中多见。脂溶性维生素必须由脂肪作为溶剂，才可被鸡体吸收，当鸡饲料中缺乏脂肪后，会明显影响到脂溶性维生素的吸收和利用。

4. 粗纤维的作用　粗纤维属于碳水化合物，它与无氮浸出物共同组成碳水化合物。无氮浸出物主要是由糖类与淀粉组成，它的适口性好，易消化吸收。粗纤维是植物性饲料细胞壁的主要组成部分，主要是纤维素、半纤维素与木质素。对鸡来讲，粗纤维的适口性差，鸡本身肠道也缺少微生物分泌的可分解粗纤维的酶，也没有消化粗纤维的胃肠环境，是一种难以消化的物质，所以一般在鸡的营养标准中都规定了粗纤维的最高允许限量。但是粗纤维在鸡消化系统中有它特殊作用，一是粗纤维体积大，食后有饱感作用；二是粗纤维能刺激胃肠蠕动，有利于粪便排泄，促进体内的代谢过程。

5. 影响能量代谢的因素

(1) 年龄　不同年龄的鸡代谢强度不同，雏鸡代谢强度高于育成鸡，育成鸡又高于产蛋鸡，随年龄增大，代谢强度降低，到成年时基本保持稳定。

(2) 个体大小　体重大的鸡体内产热多，但并不与体重直接成正比，而与体重的 0.75 次方成正比，体重的 0.75 次方称为代谢体重（$W^{0.75}$）。

(3) 热增耗　鸡只采食后，体内产热增高的现象为热增耗，它是代谢能中的一部分，是代谢能转化为净能时的损耗。热增耗与营养水平和日粮组成有关。热增耗产生在饲料的消化与吸收过程中，约有 80％热增耗产生在鸡体的内脏器官。

(4) 温度　环境温度直接影响鸡体的能量代谢强度。鸡体各种活动需要能量也同时产生热量，将鸡消耗能量最少、维持正常体温时的环境温度称为临界温度，临界温度有上下两个阈值，在临界温度条件下代谢率最低，能量损失最少。当环境温度高于临界温度时就要提高代谢率，低于临界温度时就要增加能量消耗。

（三）蛋白质需要

从严格的科学角度讲，鸡所需要的蛋白质是可消化蛋白质，但通常所讲的饲料蛋白质是指粗蛋白质而言，并非鸡本身必需摄入粗蛋白质，而是目前通用的饲料蛋白质测定手段，只能测出粗蛋白质。粗蛋白质是含氮化合物的总称，由蛋白质和氨化物组成，氨化物是指非蛋白质结构的含氮物（NPN），如酰胺、尿素、游离氨基酸、多肽和硝酸盐等。精饲料中 NPN 含量很少，而青饲料中 NPN 含量相对较多，散放养鸡时，鸡可自主采食青饲料，NPN 中除氨基酸和多肽外，其他成分鸡可利用的数量是相当有限的。

1. 蛋白质的营养功能　蛋白质是一类复杂的高分子有机化合物总称，有人讲“生命就是蛋白质与核酸的存在形式”，生物的生命活动都与蛋白质有关。蛋白质是鸡体内细胞的重要组成成分，在有关体内代谢的大部分化学反应中起重要作用。

蛋白质是鸡体内除水分外含量最高的物质，机体内各种组织器官如内脏、肌肉、血液、皮肤、神经甚至骨髓中都包含有大量的蛋白质，由于各种组织器官中所含有的蛋白质种类和形式的不同，使各组织器官具有不同的生理功能。在蛋鸡的主要产品鸡蛋中蛋白质大量存在，因而得名蛋白质。可以讲蛋白质是建造鸡体组织和产品的主要原料。

蛋白质同时也是组织更新代谢、修补的主要原料，是鸡体内功能物质的主要成分。鸡在生长发育、新陈代谢中，组织器官中的蛋白质在不断更新，据同位素测定，鸡体内的蛋白质半年左右更新一半。损伤组织也需要蛋白质参与修补。在鸡体内代谢过程中起重要催化作用的酶，起调节作用的激素，起免疫作用的抗体都是以蛋白质为主体结构。在维持体内渗透压的平衡和保持水分在体内正常分布方面，蛋白质也起着重要作用。

当鸡只食入过多蛋白质时，多余蛋白质可转化成糖、脂肪和分解产热供机体代谢用；饲料配方的氨基酸组成不平衡时，多余的氨基酸在体内也代谢成糖与脂肪，所以对鸡过高供给蛋白质没有必要，并给鸡的肾脏带来负担；氨基酸不平衡的日粮也是对饲料资源的浪费。鸡是单胃动物，不像牛羊在体内可由碳源和氮源合成所需氨基酸，鸡必须从饲料中摄入以满足需要。当鸡只食入蛋白质和氨基酸不足时，鸡只生长缓慢，食欲减退，羽毛生长不良，性成熟后延，生产性能低下；严重缺乏后，则采食停止，体重下降，抗病性减弱。为保证鸡只正常的生命活动，使鸡只表现良好的生产能力，需从鸡的日粮中供给数量恰当、品质良好的蛋白质。虽然鸡体内蛋白质可代谢成糖或脂肪，但脂肪和碳水化合物无法转化成蛋白质，这是一个不可逆过程。

2. 蛋白质的组成 蛋白质水解后，最重要的结构单位是氨基酸。就目前所知，从天然蛋白质水解后，可得到约200多种氨基酸，但在动物营养中起重要作用，常见的氨基酸有20余种；这20余种氨基酸可称为标准氨基酸。

在氨基酸分子结构中都含有氨基（$—NH_2$）和羧基（—COOH）两个官能团，按氨基官能团在有机碳链中位置不同分为α-，β-，γ-，δ-等氨基酸。在标准氨基酸中除脯氨酸外，其余氨基酸在α-碳原子都有一个游离羧基和一个游离未取代氨基，它们之间的差异，在于特殊的侧链结构，即俗称的R基团。根据R基团性质（氨基酸的极性）可将标准氨基酸分为4类：①非极性或疏水的R基团氨基酸，主要有蛋氨酸、色氨酸、苯丙氨酸、丙氨酸、缬氨酸、亮氨酸、异亮氨酸；②无电荷的极性R基团氨基酸，主要有甘氨酸、丝氨酸、苏氨酸、半胱氨酸、酪氨酸；③正电荷（碱性）R基团氨基酸，主要有赖氨酸、精氨酸、组氨酸；④负电荷（酸性）R基团氨基酸，主要有天冬氨酸、谷氨酸。

还有些标准氨基酸的衍生物，如多见于纤维状蛋胶原中的4-羟脯氨酸就是脯氨酸的衍生物。另有些不存于常见蛋白质中氨基酸。它们以结合方式或游离方式存在于生物界，通称为非蛋白质氨基酸，这些非蛋白质氨基酸具有重要的代谢作用，如β-丙氨酸是维生素泛酸、辅酶A和酰基载体蛋白的组分；L-鸟氨酸和L-瓜氨酸参与精氨酸的合成，并且是脲循环代谢的中间产物；γ-氨基丁酸在传递神经冲动中起重要作用等。

3. 必需氨基酸与限制性氨基酸 按鸡只对氨基酸的营养需要通常分为必需氨基酸和非必需氨基酸两大类。必需氨基酸是指鸡体内无法合成，或合成的速度及数量满足不了正常生长需要，必需由饲料中供给的一类氨基酸。成年鸡只为赖氨酸、蛋氨酸、色氨酸、苯丙氨酸、亮氨酸、异亮氨酸、缬氨酸和苏氨酸共8种。雏鸡除上述8种外，还有组氨酸、精氨酸、甘氨酸、胱氨酸与酪氨酸，共13种。非必需氨基酸是指鸡体内合成较多，或需

要数量少的一类氨基酸，它们不需要在饲料中额外添加，便可保持鸡体正常生长。

在鸡某种日粮中，一些必需氨基酸含量不能满足鸡只需要，其含量与需要量的比值最低者称为第一限制性氨基酸。比值第二低者为第二限制性氨基酸。通常，在植物性饲料中蛋氨酸与赖氨酸多不能满足鸡只营养需要，如日粮配方中无充足的动物蛋白质，就必需额外添加蛋氨酸与赖氨酸添加剂，以提高日粮蛋白质的利用率；在玉米、豆粕型日粮中主要缺乏蛋氨酸，所以有人称蛋氨酸与赖氨酸为蛋白质饲料强化剂。

有人用一个木桶形象地形容必需氨基酸的营养作用，以木桶上每个条板高低代表着各种氨基酸的数量，而鸡的生产效益与木桶的容水量相似，尽管木桶其他条板都很高，但有一个或两个条板（限制性氨基酸）较低，整个木桶的容水量（鸡的生产效益）就不可能高，生产效益只能停留在最短的条板水平上。表 5－2 给出了 10 种必需氨基酸营养功能与缺乏症和主要来源。

表 5－2　必需氨基酸的营养功能及缺乏症

名 称	营养功能	缺乏症	来 源
赖氨酸	◆ 促进动物性蛋白的合成 ◆ 脑神经细胞和生殖细胞等核蛋白及血红蛋白合成 ◆ 增进食欲，促进外伤、骨折、烧伤等痊愈	◆ 食欲下降、生长停滞 ◆ 氮平衡失调 ◆ 贫血、肌体消瘦、骨骼钙化失常	大豆、鱼粉等动、植物性饲料中含量较多
蛋氨酸	◆ 参加体内甲基转移，是合成胆碱、肌酸和肾上腺素等的甲基来源 ◆ 参与血红蛋白的合成 ◆ 促进动物躯体、肌肉和被毛的生长 ◆ 保护肝功能和增强脂肪的作用 ◆ 可转化成胱氨酸	◆ 发育不良、体重下降 ◆ 肝肾功能损害 ◆ 贫血、肌肉萎缩、被毛变质 ◆ 氮代谢负平衡	鱼粉、血粉等动物性饲料中含量较多

（续）

名 称	营养功能	缺乏症	来 源
色氨酸	◆ 繁殖机能所必需 ◆ 促进维生素 B_2 的作用，有利于色素的合成 ◆ 是烟酸的前体	◆ 食欲下降、生长受阻、贫血、皮炎 ◆ 视力受阻 ◆ 繁殖机能降低	各种饲料原料中含量均较少，鱼粉、血粉、啤酒酵母和饼粕类饲料中含量相对较多
组氨酸	◆ 动物正常代谢和生长所必需 ◆ 血红蛋白和肌红蛋白成分	◆ 食欲下降 ◆ 生长受阻，饲料报酬低	血粉、贝类含量较多
精氨酸	◆ 幼畜生长所必需 ◆ 精子蛋白的主要成分	◆ 生长停滞、体重下降 ◆ 精液品质降低	贝类动物性饲料中含量较多
苯丙氨酸	◆ 合成甲状腺素、肾上腺素和色素生成所必需 ◆ 造血作用所必需	◆ 代谢失常 ◆ 色素沉着、机能失常	豆类及动物性饲料中含量较多
异亮氨酸	◆ 体蛋白及动物淀粉合成 ◆ 与碳水化合物、脂肪代谢有关	◆ 食欲下降 ◆ 外源氮不能被利用	鱼粉、饼粕类饲料中含量较多
亮氨酸	构成血浆蛋白和体组织蛋白的重要原料	◆ 食欲下降、饲料利用率低 ◆ 氮代谢出现负平衡	血粉、谷物中含量多
苏氨酸	参与体蛋白合成，提高氨基酸利用率	氮利用率降低，外源氮全部排出，体重下降	酪素中含量较多
缬氨酸	◆ 保持神经系统正常机能所必需 ◆ 参与动物淀粉的合成与利用	生长停滞、神经机能障碍、动作失调等	血粉、亚麻仁蛋白、胚芽植物含量较多

（引自《饲料生产精要》一书，吴天星著）

4. 蛋白质的消化与吸收 蛋白质在鸡体内被各种蛋白酶水解来完成消化过程。在肌胃与腺胃中，由腺胃分泌的盐酸引起胃蛋白酶原转化成胃蛋白酶，在酸性条件下（pH 1～5）胃蛋白酶呈现活性，主要作用带正电荷的蛋白质，分解芳香族氨基酸（酪氨酸、苯丙氨酸）和含硫氨基酸（胱氨酸）结合的肽键。在胃中未被消化的蛋白质和消化分解的肽与氨基酸，一同下行到小肠继续消化过程。在小肠中胰蛋白酶和糜蛋白酶将未消化蛋白质分解成肽和氨基酸，胰蛋白酶在碱性条件下（pH 7～9）呈现活性，主要作用带负电荷的蛋白质及精氨酸、赖氨酸的结合键。糜蛋白酶主要分解苯丙氨酸、酪氨酸、色氨酸和蛋氨酸的结合键。这时在小肠内生成大量游离氨基酸和结构简单的肽。

蛋白质消化成氨基酸与简单的肽后，在小肠内被吸收，小肠黏膜上有很多绒毛，绒毛上的血管可吸收游离氨基酸和简单的肽，进入血液中的氨基酸与简单的肽被运输到各个组织器官，在鸡体内各组织中氨基酸与简单的肽形成鸡体蛋白和蛋的蛋白，如有多余氨基酸与简单的肽则代谢成能量或体脂肪。小肠的不同部位对氨基酸与简单的肽吸收程度不同，大量氨基酸是在十二指肠吸收，不同氨基酸被吸收速度不同，试验结果表明，苯丙氨酸、谷氨酸、甘氨酸、脯氨酸、丝氨酸等吸收最快；同种氨基酸不同构型间被吸收速度和效率不同，L-氨基酸比D-氨基酸被吸收速度要快，被吸收效率要高。

在蛋白质消化中，胰蛋白酶作用很重要，可分解进食饲料中蛋白质氨基酸组成40%，胃蛋白酶消化蛋白质占蛋白质总量的20%，若缺乏胰蛋白酶与胃蛋白酶，将导致蛋白质消化效果明显减低。有人做过试验，割除胰脏或结扎胰液管，将立即严重影响蛋白质的消化。

5. 影响蛋白质营养价值的因素

（1）年龄　鸡只年龄不同，蛋白质代谢强度不同。雏鸡阶段，生长是以蛋白质沉积形式表现出来，由于生长速度快，蛋白质代谢较快，体内沉积的蛋白也多；但随年龄增长，生长速度降低，蛋白质代谢强度也相应减弱，体内沉积蛋白质的量也逐步减少；所以，对鸡只蛋白质的需要量要根据年龄做出调整。

（2）能量与蛋白质比例　在饲料营养物质的代谢与利用过程中，鸡只不同种类（如公、母鸡）、不同生理阶段（如育成鸡与产蛋鸡）、不同生产水平（如高产鸡与低产鸡）对采食饲料中能量与蛋白质各需一定的适宜比例。如比例不适宜，将降低饲料利用率，甚至影响到健康和生长速度与生产成绩。一般应掌握的大致原则是，能量水平高时，应增加蛋白质数量；能量水平低时，应适当减少蛋白质数量。

（3）氨基酸的平衡　氨基酸的平衡就是各种必需氨基酸的数量及比例应满足鸡只的实际需要。有人假定赖氨酸需要量为100%，根据饲养试验，找出各种必需氨基酸需要量相对于赖氨酸的百分数，对指导生产有实际意义。

（4）饲料加工调制方法　生大豆或没充分加热的豆饼（豆粕）中有抗胰蛋白酶，抗胰蛋白酶则影响蛋白质的消化吸收。大豆或大豆副产品作为饲料，应在110～120℃条件下蒸煮或焙炒，使抗胰蛋白酶变性失活，以提高蛋白质的利用率。但大豆加热温度过高或时间太长，会使大豆蛋白质变性，反而降低大豆的蛋白质营养价值。生产中多用测尿酶活性方法来粗略估计大豆加热情况，以评定大豆的营养价值。

（四）矿物质需要

矿物质或矿物质元素是指除由有机物主要组成成分的碳、氢、氧、氮四元素外的无机元素。在鸡体内可检测出40多种无机元素，现已掌握有16种元素对鸡有营养作用。通常按它们占鸡体总重量的比例进行划分，常量元素是占鸡体总重量0.01%以上的元素，共7种，包括钙、磷、镁、钠、钾、氯和硫；微量元素是占鸡体总重量0.01%以下的元素，共9种，包括铁、锌、锰、铜、碘、钴、钼、硒、铬。矿物质元素在鸡体内含量虽少，却起着重要作用。它们不能在体内合成，必须由外界摄入（饮水或采食），某种元素太少，将产生缺乏症；反之，将引起中毒或产生不平衡，严重时会造成鸡只死亡。所以要根据需要，恰当地在饲料中添加矿物质。

1. 矿物质的营养功能

（1）构成鸡体成分，生命过程中必需物质　虽然矿物质本身

没有能量，但与产生能量的碳水化合物、脂肪、蛋白质的代谢有密切关系，是生命过程中必需物质。钙、磷和镁是鸡体的重要结构物质，磷几乎参与体内的各种反应。

（2）*维持鸡体内的酸碱平衡*　无机盐类是体内重要的缓冲物质，组成的缓冲体系可有效地维持体内酸碱平衡。

（3）*维持细胞膜的通透性，调节体液渗透压的恒定*　钾、钠、钙、镁等维持了细胞内、外液渗透压。

（4）*影响其他物质的溶解度*　胃液中的盐酸可溶解矿物质，便于鸡体吸收；血液中氯化钠可提高磷酸钙的溶解度；体内某些盐类也有助于饲料中蛋白质的溶解。

（5）*矿物质是鸡体内许多酶的激活剂*　盐酸可将胃蛋白酶原激活为胃蛋白酶；有时候矿物质本身就参与酶的组成。

2. 常量元素

（1）钙　钙在生长鸡主要参与骨的形成，产蛋鸡采食钙主要用于蛋壳形成。钙是血凝的必要条件，在酸碱平衡与渗透压恒定中也起重要作用，钙与钾、钠共同为心脏活动所需。钙是配合饲料中添加量最多的矿物质。

饲料中大量添加钙并不一定能保证钙被有效的吸收，钙与磷要有适当的比例，才能被鸡只充分吸收，一般情况下生长鸡的钙磷比应为1～2∶1，产蛋鸡是5～7∶1。为保证钙的良好吸收还要有充分的维生素D_3，乳糖与蛋白质都可促进钙的吸收。当钙营养不良时，育成鸡生长受阻，骨质疏松或呈佝偻症，鸡不愿意采食与活动，对外界刺激敏感性减低；产蛋鸡蛋壳质量不好，可能产软壳蛋，蛋破损率明显上升，严重缺钙会影响到产蛋量。但过多在饲料中补钙也有害无益，因为高钙日粮适口性差，鸡只不愿采食，过高的钙反而会使钙的吸收率下降。

对产蛋鸡来说，饲料中添加钙量的一半是碎片状贝壳比全部都是贝壳粉（或石粉）效果要好，因为蛋壳主要在夜间形成，这时钙的沉积量很大。碎片状贝壳中钙可以缓慢溶解释放进入血液，这样产蛋鸡就不必全部动用贮存在骨髓中的钙，可部分利用夜间血液循环中的钙来形成蛋壳。

（2）磷　磷除了参与骨骼形成外，还是血液的重要组成成分；存在于细胞中和体液中的磷，对酸碱平衡有重要作用；磷还在碳水化合物与脂肪代谢中起重要作用。

磷缺乏后，生长鸡食欲减退，生长受阻，易患软骨症；产蛋鸡产软壳蛋、薄壳蛋、蛋壳粗糙，羽毛脆易折，产蛋量与孵化率下降，骨脆易折，发生瘫鸡现象，严重时鸡只会发生死亡。

鸡只对不同磷源的磷利用率不同，植物性饲料中磷多为植酸磷（大约 65%以上），因鸡的肠道中缺少植酸酶而不能充分利用；矿物性饲料中的磷，鸡只可充分利用。一般认为植物性饲料中只有 30%的磷可被鸡只利用，所以衡量磷的指标用总磷不是十分科学，有效磷则显得贴切。目前，有商品植酸酶出售，添加在鸡饲料中，可有效解决植酸磷不能有效利用问题，并使非常规饲料资源得以充分利用，还对解决鸡粪便中磷对环境的污染问题有重要意义。

（3）钠　钠是机体正常代谢的必需元素，在调节体液渗透压和缓冲酸碱平衡方面有重要作用。钠与其他离子共同参与维持肌肉、神经的正常兴奋性。鸡体内的钠主要存在于软组织与体液中，是血浆与其他细胞外液中的主要阳离子。

在植物性饲料中钠含量通常很少，所以养鸡生产中要添加氯化钠（食盐）来补充钠的不足。当钠的摄入量满足不了鸡只需要后，鸡体内将减少钠的排泄量。当钠的摄入量超过需要量后，在一定范围内鸡只可通过多饮水，将过多的钠排出体外，如超出量很大，将发生食盐中毒。

鸡饲粮中缺少钠后，鸡只食欲与消化系统受影响，生长受阻，骨骼变软，产蛋鸡产蛋率下降，体重减轻，有时诱发啄癖。当鸡只发生啄癖后，可在饲料中短时期内（1～2 天）加大 2～3 倍添加食盐，对减轻啄癖症状有益处。

(4) 钾　钾是细胞内液中最主要的阳离子。钾与钠和氯共同调节渗透压和保持酸碱平衡，并对保持细胞容积起重要作用。钾在缓解应激反应中起作用，并参与碳水化合物代谢，在赖氨酸分解代谢中也有钾参与。

在通常鸡饲料中，钾的含量都会超过鸡只对钾的需要量，轻易不会发生缺乏，但在应激反应严重时可能会发生低血钾。

(5) 氯　氯离子是鸡体细胞外液中重要阴离子，与钠、钾共同调节酸碱平衡与渗透压。在鸡胃液中氯以盐酸形式作为胃液组成成分，对激活胃蛋白酶起重要作用。氯还与唾液中淀粉酶形成复合物。

同钠一样，氯在植物性饲料中含量较少，不能满足鸡体需要，要以食盐形式在饲料中添加。氯缺乏后鸡只生长受阻，出现神经症状，严重缺乏后可导致死亡。但在生产实践中重点要防止摄入氯过量的食盐中毒发生。

(6) 硫　在含硫氨基酸（蛋氨酸、胱氨酸与半胱氨酸）、含硫维生素（硫胺素与生物素）、含硫激素（胰岛素等）中都含有硫，这三类物质都与鸡只生长、生产有重要关系。硫的功能也是通过上述三类物质的作用而表现出来。鸡体内的硫主要来源是饲料中的蛋白质，当蛋白质缺乏后，就产生缺硫症状。鸡只缺硫后，羽毛生长不良，易脱羽；鸡只食欲降低，体质弱，长期缺硫后，鸡只可发生死亡。

(7) 镁　在鸡体所有组织中都有镁，但主要存在于骨骼中。在细胞内液与细胞外液中都有镁。在代谢反应中很多酶由镁激活，在碳水化合物与蛋白质代谢中，镁起重要作用。镁与钙、磷代谢有关，过多镁影响钙的沉积，如钙、磷过多也影响镁的作用。鸡体缺镁后，钾不能在体内留存而发生钾缺乏。

在植物性饲料中镁含量丰富，特别在麸皮、棉子粕中含量多，鸡只对镁的需要量也不大，通常0.05%即可满足，所以一般饲养实践中不会发生缺镁症，鸡营养标准也多不列出镁的需要量。

3. 微量元素

（1）铁　铁参与鸡体内氧的运输、交换和组织呼吸过程，鸡体内有 2/3 的铁存在于血红蛋白中。铁还贮存在鸡肝脏、脾脏与骨髓中，还有少量存在于肌红蛋白与某些酶系中。铁主要在鸡十二指肠内以亚铁形式被吸收，靠调节吸收量来维持体内平衡。并非任何形式的铁都可被鸡只有效吸收，硫酸亚铁与柠檬酸铁的生物学效价高，而三氧化二铁利用率最低。

鸡只缺铁时，会发生贫血，若有色羽鸡种则羽毛逐渐发生褪色。但过多供给铁会造成中毒，引起消化机能紊乱，生长减慢。

（2）铜　铜是许多氧化功能酶的组成部分，如铁氧化酶、酪氨酸酶等。在形成血红蛋白时也要有铜，如没有铜，仅有铁也无法合成血红蛋白。铜多在小肠中被吸收，肠内 pH 与铜吸收有关，钼也影响到铜的吸收；pH 升高，钼含量高都会影响铜的有效吸收。

鸡只缺铜时，生长受阻，羽毛褪色，骨脆易断。产蛋鸡产蛋量减少，种蛋在孵化中胚胎死亡。有时鸡只也表现运动失调与痉挛性瘫痪。通常饲料中不会缺铜，但当土壤中含铜量低时，所生长的植物含铜量也低，鸡长期采食这种土壤上的植被后，要在配制饲料时额外添加铜。

（3）锌　锌是鸡体内多种酶的组成成分或激活剂，如碳酸酐酶、磷酸酶和某些脱氢酶，核糖核酸聚合酶需锌激活，胰岛素中也有锌。锌在鸡只繁殖与新陈代谢中起着重要作用，鸡只羽毛生长，皮肤健康和组织修补都需要锌。

尽管各种饲料原料中都含有微量的锌，但一般情况下鸡饲料中不额外添加锌，是不可能满足鸡只需要，无论是生长鸡还是产蛋鸡都要在日粮中补加锌。日粮中高钙时，可影响锌的吸收，诱发缺锌症。生长鸡缺锌后，生长受阻，皮肤上有鳞片屑，羽毛蓬乱，食欲不振，严重缺锌可引起死亡。产蛋鸡缺锌后产蛋率下

降，孵化率降低，雏鸡畸形，即便能孵出鸡雏也生命力不强，育雏成活率不高。

（4）锰　锰对鸡只生长、繁殖和代谢起着重要作用。锰是许多酶系的激活剂，如激活半乳糖转移酶和精氨酸酶等。锰还参与胆固醇的合成。锰主要存在与鸡肝中，在鸡蛋、皮肤、肌肉和骨骼中也含有锰。

生长鸡缺锰后，可见骨短粗症（跛行、腿短而弯曲、关节肿大）与滑腱症（腓肠肌腱从髁骨脱落）。产蛋鸡缺锰后产蛋率下降，蛋壳品质恶化，所产种蛋孵化后，多在胚胎后期（18～21日胚龄）死亡，即便孵出雏鸡也会发生共济失调。以玉米、豆粕为主的饲粮中，锰含量不足，要额外添加。

（5）碘　碘主要存在于鸡体的甲状腺中，碘是甲状腺素的重要成分。甲状腺素属于激素类，它调节鸡体的新陈代谢，对生长与繁殖都有影响。产蛋鸡吸收碘后，可迅速转移到蛋黄中，所以有人用高碘饲料来生产高碘蛋。

在海风吹不到的内陆与山区都缺碘，需要在鸡日粮中加碘，可在食盐中加入碘化钾，每吨食盐加碘化钾50～100克便可；为防止碘化钾分解损失，还应在每吨食盐中加200～400克碳酸钠作为稳定剂。但加碘食盐不可多补，以免引起碘中毒。碘中毒后产蛋鸡产蛋停止，身体肥胖，生长鸡生长迟缓，骨架矮小。

（6）硒　近年来对硒的研究表明，硒对鸡只营养有重要功能，而40年前人们认为硒是有毒元素。硒是谷胱甘肽过氧化物酶的组成部分，起着抗氧化作用，对细胞正常功能起保护作用，可防止细胞膜的脂质结构被氧化破坏。维生素E也有抗氧化作用，与硒相互依赖，协同效应，共同完成保护细胞作用，硒还参与辅酶A与辅酶B的合成。

鸡每千克饲料应有0.1～0.2毫克硒，在美国一些养鸡公司建议的营养标准中最近改为0.3毫克。当每千克饲料含硒低于0.05毫克时，鸡将发生缺硒症，表现为渗出性素质，特征为皮下出血、水肿，最后衰弱而死亡。当每千克饲料含硒超过 7 毫克，鸡将发生硒中毒，这时产蛋鸡的孵化率明显下降。

在我国东北、西北、西南及华东地区都有大面积缺硒带，用这些缺硒带地区所产的谷物配制日粮时，要注意添加硒。由于鸡对硒的需要量甚微，为防止发生生产全价料时硒混合不匀，造成局部浓度高而发生中毒，应先将硒稀释成 100 毫克/千克的含硒预混料后，再加到全价饲料中。

（7）钼　同硒一样，人们原来认为钼是有毒元素，20 世纪 50 年代才证明钼是黄嘌呤氧化酶的必需成分。对鸡来讲，每千克饲料含有 0.5 毫克钼即可满足需要，达到 50～100 毫克钼后会发生钼中毒，中毒鸡严重下泻，体重减轻，最后死亡。通常鸡饲料中一般不会缺钼，不需人工补加。

4. 鸡对矿物质元素的需要量与最高限量

表 5－3 是以风干日粮为基础，参考各国动物营养机构提出的数值。

表 5－3　蛋鸡对矿物质元素的需要量与最高限量

项目	钠（%）	氯化钠（%）	钾（%）	磷（%）	镁（毫克/千克）	铁（毫克/千克）	铜（毫克/千克）
需要量	0.12	0.3	0.4	0.5～0.7	500	50～80	4～8
最高限量	—	2	2	0.8	3 000	1 000	250

项目	锌（毫克/千克）	锰（毫克/千克）	钴（毫克/千克）	硒（毫克/千克）	碘（毫克/千克）	钼（毫克/千克）
需要量	35～65	30～60	—	0.3	0.3～0.35	＜1
最高限量	1 000	1 000	5	4	50	50

（五）维生素需要

维生素是鸡生长、繁殖、生产及维持生命活动所必需的微量有机化合物，它们是多种辅酶的组成成分。维生素这种有机物质只能从饲料中获得，鸡体自身不能合成；是极其重要的活化物质，在机体代谢方面起重要作用。

当维生素在鸡的日粮中不存在或含量少时，就会发生缺乏症；有时日粮中含量充足，但因吸收利用不当仍可能发生缺乏症。这时鸡只生长停滞，机能发生障碍，生产性能下降；有时表现出的种蛋受精率低、孵化率低、健雏率低与维生素缺乏有关。但维生素在饲料中也不能添加过多，特别是脂溶性维生素过多后，还会产生中毒。

维生素共有 20 多种，鸡必须从日粮中摄入的有 14 种。按维生素溶解性可分为脂溶性维生素与水溶性维生素两大类。脂溶性维生素是维生素 A、维生素 D、维生素 E 和维生素 K；水溶性维生素有维生素 C、维生素 B_1、维生素 B_2、维生素 B_6、维生素 B_{12}、泛酸、尼克酸、生物素、叶酸、胆碱等。

1. 脂溶性维生素

（1）维生素 A　维生素 A 为淡黄色结晶，不溶于水，仅溶于脂肪或脂肪溶剂。在自然界中维生素 A 仅存在于动物体中，植物中仅有维生素 A 原。维生素 A 原是维生素 A 的一种前体，在一定条件下可转化成维生素 A。维生素 A 是维持上皮细胞正常功能所必需，能增强对传染病的抵抗力，促进鸡只生长发育。维生素 A 在视觉过程中有重要功能，它先转化成视黄醛，再与视蛋白结合成各种感光素，进而维持正常视觉。

维生素 A 不足将引起维生素 A 缺乏症，这时鸡只生长缓慢或停止，精神不振、瘦弱、羽毛蓬松、运动失调、夜盲、干眼症，严重时眼失明。产蛋鸡产蛋减少，所产的蛋孵化率低，胚胎死亡，雏鸡即便孵出，也会因体弱而死亡。鸡的饲养标准中规定每千克饲料中维生素 A 添加量为 4 000 国际单位，而较新的研究结果建议为 10 000～15 000 国际单位。动物性饲料是维生素 A 的主要来源，在黄玉米中维生素 A 原含量较多，但因贮存时间长短与饲料加工调制方法不同而异。

(2) 维生素D 维生素D又称为抗佝偻维生素，有多种形式存在，最主要是D_3与D_2；鸡对维生素D_3的利用能力强，其效能比维生素D_2高出40倍。维生素D_3是鸡形成正常骨骼、喙、爪及蛋壳所必需。维生素D_3参与调节磷、钙代谢，维持血液中磷、钙的正常浓度，并保证骨骼、喙、爪的钙化与正常发育。

生长鸡缺乏维生素D后，生长不良，羽毛粗乱，腿部无力(软脚)，喙、脚和胸骨等易弯曲，产蛋鸡则产薄壳蛋或软壳蛋，产蛋率与孵化率都下降。鸡的饲养标准中每千克饲料中维生素D_3的添加量是800国际单位，但现在根据最新研究结果，多数添加到2 000～3 000国际单位，个别也有达到3 850国际单位，要注意过高添加量会引起中毒。维生素D多存在于鱼肝油中，在动物肝脏中含量也较多。在动物皮肤和脂肪组织中能合成7-脱氢胆固醇，在紫外线照射下其可转化为维生素D_3。

(3) 维生素E 维生素E又称生育酚，但一般所讲的是α-生育酚，为黄色油状物，不易为酸碱及热所破坏，但极易氧化。维生素E对于维持公母鸡的正常生殖能力与繁殖性能是必需的。它的主要功能是抗氧化作用，可保护多种不饱和脂肪酸抗氧化；并在保持核酸正常代谢中发挥作用；并能促进甲状腺激素、促肾上腺皮质激素和促性腺激素的产生。

缺乏维生素E后，雏鸡患脑软化症、渗出性素质。公鸡缺乏维生素E后睾丸变性萎缩，种母鸡缺乏后产蛋率下降，种蛋孵化率明显下降；在鸡的饲养标准中每千克饲料添加5～10毫克维生素E，但据最近研究成果，建议应加倍添加；必要时可达到每千克饲料添加30毫克维生素E。当鸡只处于应激环境时，要加大维生素E的添加量。在各种青绿饲料与谷物饲料中都富含维生素E，但要注意随饲料贮存时间延长而维生素E有效含量逐步下降问题。

(4) 维生素 K　维生素 K 有多种形式，最主要为 K_1、K_2 与 K_3，K_2 与 K_3 均为人工合成。维生素 K 主要作用是促进合成凝血酶原，从而促进血液凝固。

缺乏维生素 K 后，鸡只凝血时间延长，皮下和肌肉呈现出血现象；鸡只可因外伤或其他损伤而出血死亡。维生素 K 广泛存在于植物饲料中，并在鸡只消化道中也有微生物进行合成，所以一般在生产实践中轻易不会发生维生素 K 缺乏症。但在鸡只断喙前，适当添加维生素 K 还是有益处，可在每千克饲料中添加 4 毫克维生素 K。

2. 水溶性维生素　水溶性维生素都能很好地溶于水中，它们可随着水分被肠道吸收而进入血液，主要由尿中排出，也有少量从粪中排出，因水溶性维生素排出很快，所以过量后也不易发生中毒。水溶性维生素不能在体内大量贮存，每天鸡排出的水分中会带有一定量的维生素，从而无形中减少了水溶性维生素的总量，每天都应在饲料中补充水溶性维生素。除维生素 C 外，其他水溶性维生素都同属 B 族。

(1) 维生素 B_1　维生素 B_1 又称硫胺素，为白色晶体。它刺激食欲，参与碳水化合物的合成代谢过程，构成消化所必需的一些酶类，可预防由多发性神经炎发展而来的神经失调。

鸡只缺乏维生素 B_1 后，表现为食欲减退、生长受阻、下痢、羽毛逆立、运动不灵活、麻痹等。产蛋鸡缺乏后产蛋率下降。雏鸡缺乏后，发生多发性神经炎，严重时出现特有的头向后倾的观星姿势。在青绿饲料、谷实、饼粕类与糠麸类饲料中都富含维生素 B_1，酵母是维生素 B_1 的最好来源。在一般情况下饲料中不会缺乏维生素 B_1。鸡肠道中的微生物可以合成维生素 B_1，但因合成部位在肠道后部，不利于维生素 B_1 的吸收。

(2) 维生素 B_2　维生素 B_2 又称核黄素，为橘黄色结晶，微溶于水，对酸稳定，对碱与光不稳定。核黄素是鸡体许多重要辅酶成分，这些酶多与细胞呼吸的氧化反应有关；它参与碳水化合物、脂肪和蛋白质的代谢，为鸡体生长与组织修复所必需。

在养鸡生产实践中，维生素 B_2 缺乏症较易发生。雏鸡缺乏时，生长缓慢，下痢，营养性麻痹；脚趾向内弯曲是本病的特征。产蛋鸡缺乏维生素 B_2 后，产蛋率和孵化率都下降，所孵种蛋的鸡胚，多数在 2 周胚龄前死亡，11～12 天胚龄是死亡高峰。维生素 B_2 在动物性饲料中含量较高，植物性饲料中除豆类含量较高，谷实类饲料中含量甚少。在鸡日粮中应添加合成的维生素 B_2。

（3）烟酸　烟酸有人称尼克酸或维生素 PP，也有人称它为维生素 B_3，但国内有些书刊中把烟酸称为维生素 B_5，这是误把烟酸与泛酸混淆了。烟酸为无色晶体，性质稳定，不易被酸、碱、热所破坏和氧化。烟酸是构成鸡体内脱氢酶的辅酶成分，参与碳水化合物、脂肪和蛋白质的代谢。

缺乏烟酸后，鸡的典型症状是黑舌病，舌与口腔发炎，呈暗红色，但舌尖仍为白色。生长鸡食欲不振，生长缓慢，皮屑多，也多发生骨短粗症，飞节肿大，但极少见滑腱症。产蛋鸡则易导致羽毛脱落。糠麸中烟酸含量丰富，各种油饼类饲料中也富含烟酸，但都是结合状态的烟酸，不能被有效利用。肉骨粉、鱼粉、血粉是烟酸良好来源，在玉米、豆粕型日粮中，烟酸含量较低，应注意对鸡只作必要的添加补充。

（4）泛酸　泛酸有人称为遍多酸或维生素 B_5。泛酸是黄色黏性油状物，因易吸潮，商业应用上多采用泛酸钙形式，泛酸钙为无色粉状结晶。泛酸在鸡体内是合成辅酶 A 的原料，以乙酰辅酶 A 的形式参与碳水化合物、脂肪和蛋白质代谢。

缺乏泛酸后，生长鸡喙与胫、眼周、爪及肛门皮肤受损害并结痂，生长迟缓，羽毛零乱，产蛋鸡的产蛋率及孵化率均降低。泛酸广泛存在于各种饲料中，在通常饲养条件下，发生泛酸缺乏症的可能性很小。但饲料煮熟后，泛酸很容易被破坏。

（5）维生素 B_6　维生素 B_6 又称为吡哆醇，为无色晶体，是

鸡体内脱氢酶、转氨酶、脱羧酶等多种酶类成分，参与体内蛋白质和不饱和脂肪酸代谢。它还与血中血红蛋白生成有关，对防止某种贫血有一定效果。

鸡只缺乏维生素 B_6 后，食欲不振、生长不良，对鸡只诊查时腿部神经经常发生急剧性间歇痉挛，严重病例可死亡。产蛋鸡产蛋率与孵化率均下降，公、母鸡生殖系统退化。在鸡的大多数饲料原料中都含有较高的维生素 B_6，只有在特殊情况下才发生维生素 B_6 缺乏症。

（6）叶酸　叶酸有人称为维生素 B_{11}，但这个叫法不多见。叶酸为鲜黄色固体物质，是一种复杂结构的化合物，它以辅酶形式作为各种一碳基团的载体，为某些氨基酸如丝氨酸、组氨酸、甘氨酸、蛋氨酸代谢中所必需。在鸡只生长、肌肉形成、造血和羽毛生长中所必需。

鸡只缺乏叶酸后，生长鸡发育迟缓，羽毛生长不良，色泽差；产蛋鸡产蛋率与孵化率均降低，鸡胚死亡率增高，有时会孵出胫骨短粗与“交错喙”的雏鸡。各种谷实、青绿饲料中都富含叶酸，但天然叶酸分子呈络合结构，鸡只对叶酸利用率仅有20%～30%。成年鸡肠道中微生物能合成叶酸，但在大量服用磺胺药物后，将抑制肠道微生物的生长，有可能发生缺乏症。

（7）维生素 B_{12}　维生素 B_{12} 又称为钴维生素、氰钴胺、氰钴素，是已发现唯一含有金属元素的维生素。维生素 B_{12} 为深红色结晶，它以辅酶形式参与鸡体内多种代谢过程，促进氨基酸和蛋白质的合成；保证造血机构的正常运转，加速红细胞的生成；维持鸡体正常营养和上皮细胞的形成。

鸡只缺乏维生素 B_{12} 后，生长鸡贫血、生长缓慢，当缺乏维生素 B_{12} 的同时，还缺乏蛋氨酸和胆碱时，极可能出现滑腱症；产蛋鸡孵化率下降，并会发生脂肪肝。维生素 B_{12} 仅存于动物性饲料中，在鸡的肠道内微生物可合成，但合成量满足不了需要；鸡肝内可贮存维生素 B_{12} 供鸡只数月之需。一般饲养管理条件下，应向饲料中添加维生素 B_{12}。

（8）胆碱　胆碱属于B族维生素，也有人称它为维生素 B_4。它在鸡体内对脂肪代谢作用很重要，可调节脂肪的代谢和转化，可预防肝脏中脂肪沉积，有人称胆碱为“抗脂肪肝因子”。胆碱还可促进氨基酸的再形成，特别是提高了蛋氨酸的利用率。胆碱对神经冲动的传导也起重要作用，因为它参与乙酰胆碱的合成。

缺乏胆碱后，鸡只可患脂肪肝；骨短粗症，并且生长受阻，产蛋将停止。生长鸡可发生死亡。胆碱需要量取决于日粮组成，在高能量和高脂肪日粮中，需大量胆碱。8周龄后的鸡只可合成部分胆碱，在育雏期要注意向日粮中补充胆碱。添加胆碱时要注意与其他维生素分开添加，还要考虑胆碱的吸潮结块问题。

（9）生物素　生物素又叫维生素H，为白色或淡黄色固体，易被光和高温破坏。生物素是鸡体内许多羧化酶的辅酶，在脱羧、羧基转移及氨基酸脱氨基中起作用。

当鸡缺乏生物素后，在脚、喙及脑周围的皮肤发生炎症，生长缓慢，时有胫骨短粗症发生。产蛋鸡的孵化率降低，孵化中死胚增多。在多数谷物饲料中生物素利用率只有10%～30%，但在玉米、豆粕和动物性饲料中生物素利用率可达100%。在雏鸡与种鸡日粮中要考虑适当补加生物素。

（10）维生素C　维生素C又称抗坏血酸，为白色或淡黄色固体。在鸡体内参与氧化还原中的氢转移，它还参与甾体激素的合成与血液的凝结，它能使鸡体增加抗病力和对各种应激现象的适应性。维生素C还有助于胶原组织（如软骨、皮肤）的形成。

在通常情况下鸡饲料中不添加维生素C，但在应激条件下添加维生素C，对缓解应激形成的影响大有益处。由于维生素C不稳定，商品性维生素C都要做包被处理，但包被后维生素C虽对空气稳定，但易受热与潮湿的破坏，使用中应加以注意。

3. 其他类似维生素物质　主要有：对氨基苯甲酸，它是构成叶酸分子的基团之一，对鸡体代谢起重要作用。甜菜碱是甲基

基团供体，可部分代替胆碱与蛋氨酸。肌醇是各种磷脂的组成部分，并有抗脂肪肝作用。维生素 F 是必需脂肪酸，是单个不饱和脂肪酸和多个不饱和脂肪酸基团的总称，它与维生素 E 关系密切。乳清酸对生长鸡有促生长作用，还具有保护肝的功能。维生素 B_{15} 属于 B 族复合维生素，能预防肝硬化与脑硬化。维生素 B_T 是肉毒碱，在脂肪酸代谢及钙、磷吸收中起作用。维生素 T 也是 B 族复合维生素中成分，对生长有促进作用。维生素 U 具有抗溃疡作用，对脂肪肝有显著作用。

4. 维生素的添加量　各种养鸡方式的不同，使鸡对维生素的需要量不同，但无论何种饲养方式都必须在鸡饲料中添加维生素。各国饲养标准规定了添加量，各个育种公司对本品种鸡也规定了添加量，但是有时两者相差甚远。尽管维生素添加量不足全价配合饲料中的 0.1%，但它所占成本为全价配合饲料的 5%以上。所以要经济、有效地添加维生素。表 5－4 是考虑各种情况后的推荐添加量。

表 5－4　每千克配合饲料中维生素的推荐添加量

类　别	维生素 A（国际单位）	维生素 D_3（国际单位）	维生素 E（毫克）	维生素 K（毫克）	维生素 B_1（毫克）	维生素 B_2（毫克）	烟酸（毫克）
生长鸡	12 000～15 000	2 000～2 500	20～40	4～6	2～3	7～9	30～50
产蛋鸡	10 000～12 500	2 000～2 500	15～25	2～4	2～3	7～9	30～40
种　鸡	12 500～15 000	2 500～3 000	30～50	4～6	2～3	7～9	40～60

类　别	泛酸（毫克）	维生素 B_6（毫克）	维生素 B_{12}（毫克）	叶酸（毫克）	生物素（毫克）	胆碱（毫克）	维生素 C*（毫克）
生长鸡	10～12	5～6	0.03～0.04	1.0～1.5	0.07～0.12	500～600	100～150
产蛋鸡	10～12	3～5	0.015～0.025	0.8～1.2	0.04～0.06	400～600	100～200
种　鸡	10～15	5～6	0.03～0.04	1.0～1.5	0.15～0.25	500～700	100～200

*　应激条件下添加。

（六）水的营养作用

水是最廉价的营养成分，鸡体一切细胞与组织的组成成分中都有水，出壳雏鸡体内含水85%，成年鸡体内含水55%，全蛋含水65%。水是鸡体最大的组成成分。水分布于鸡体内各种器官、组织和体液中。体液以细胞膜为界，分为细胞内液与细胞外液，细胞内液占体液的65%，主要在肌肉与皮肤中，细胞外液主要是血浆和间质液，它们与细胞内液不断进行水分交换，保持动态平衡。产蛋鸡一天断水，将需要30天才能恢复到原来产蛋水平。鸡体内缺水10%，将导致代谢紊乱，缺水20%便可引起死亡。

1. 水的作用

（1）水是体内生化反应的参与者　只有在水溶液中，各种营养成分与代谢产物呈离子状态，才能进行分解与合成过程。

（2）水是鸡体内重要的溶剂　各种营养物质的消化、吸收、运输及代谢产物的排出都需要水做溶剂。水也是各种消化液的组成成分。

（3）水对体内渗透压进行调节　水在保持细胞正常形态方面有重要作用。缺水时饲料利用率降低，长期缺水鸡只发生肾炎、红细胞增多症及胫部皮肤皱缩等脱水症状。

（4）水对鸡只体温起调节作用　水热容量大，可吸收体内代谢热，经血液循环在肺呼气中散出，从而保持体温稳定。

（5）水有润滑作用　吞咽时，消化液有润滑作用；关节液可减少摩擦阻力。

2. 水的来源与排出　水有三条来源和三个排出途径。

（1）水的来源　主要来自饮水，约占需要量的75%，必须饮用清洁、无污染的水。第二，来自饲料水，饲料中都含有水分，一般情况下全价配合料含水12%～13%。第三，来自代谢水，各种营养物质在体内氧化后都产生水，每100克碳水化合物、脂肪和蛋白质氧化后分别产水60克、108克和42克。代谢

水占需水量的5%～10%。

（2）水的排出　鸡体内水经过肾脏、肺脏和消化道排出。肾脏是调节体内水平衡的主要器官，鸡的蛋白质代谢产物是尿酸，以半固态排出，所以失水量较少。鸡只无汗腺，水蒸发后经肺部排出，高温时快而深的呼吸，使排出的水分增多。在消化道中没被吸收的部分养分排出时，也带走一部分水。

3. 温度与饮水　在正常临界温度下，鸡只采食与饮水比例为1∶2，即采食125克饲料，饮250毫升水。随环境温度增高，不断加大饮水量，在32℃时，饮水量可翻一番，即500毫升水。应根据环境温度变化，合理调节供水量。

三、饲养标准

（一）生长蛋鸡营养需要量

见表5-5。

表5-5　生长蛋鸡营养需要量*

营养水平		周龄		
		0～8周龄	9～18周龄	19周龄至开产**
代谢能	（兆焦/千克）	11.92	11.70	11.50
粗蛋白质	（%）	19.00	15.50	17.00
蛋白能量比	（克/兆焦）	15.95	13.25	14.78
赖氨酸能量比	（克/兆焦）	0.84	0.58	0.61
赖氨酸	（%）	1.00	0.68	0.70
蛋氨酸	（%）	0.37	0.27	0.34
蛋氨酸+胱氨酸	（%）	0.74	0.55	0.64
苏氨酸	（%）	0.66	0.55	0.62
色氨酸	（%）	0.20	0.18	0.19
精氨酸	（%）	1.18	0.98	1.02

（续）

营养水平		周　　龄		
		0～8 周龄	9～18 周龄	19 周龄至开产**
亮氨酸	（%）	1.27	1.01	1.07
异亮氨酸	（%）	0.71	0.59	0.60
苯丙氨酸	（%）	0.64	0.53	0.54
苯丙氨酸＋酪氨酸	（%）	1.18	0.98	1.00
组氨酸	（%）	0.31	0.26	0.27
脯氨酸	（%）	0.50	0.34	0.44
缬氨酸	（%）	0.73	0.60	0.62
甘氨酸＋丝氨酸	（%）	0.82	0.68	0.71
钙	（%）	0.90	0.80	2.00
总磷	（%）	0.70	0.60	0.55
非植酸磷	（%）	0.40	0.35	0.32
钠	（%）	0.15	0.15	0.15
氯	（%）	0.15	0.15	0.15
铁	（毫克/千克）	80	60	60
铜	（毫克/千克）	8	6	8
锌	（毫克/千克）	60	40	80
锰	（毫克/千克）	60	40	60
碘	（毫克/千克）	0.35	0.35	0.35
硒	（毫克/千克）	0.30	0.30	0.30
亚油酸	（%）	1	1	1
维生素 A	（国际单位/千克）	4 000	4 000	4 000
维生素 D_3	（国际单位/千克）	800	800	800
维生素 E	（毫克/千克）	10	8	8
维生素 K	（毫克/千克）	0.5	0.5	0.5
维生素 B_1	（毫克/千克）	1.8	1.3	1.3

（续）

营养水平		周　龄		
		0～8 周龄	9～18 周龄	19 周龄至开产**
维生素 B_2	（毫克/千克）	3.6	1.8	2.2
泛酸	（毫克/千克）	10.0	10.0	10.0
烟酸	（毫克/千克）	30	11	11
吡哆醇	（毫克/千克）	3	3	3
生物素	（毫克/千克）	0.15	0.10	0.10
叶酸	（毫克/千克）	0.55	0.25	0.25
维生素 B_{12}	（毫克/千克）	0.010	0.003	0.004
胆碱	（毫克/千克）	1 300	900	500

*　蛋鸡营养需要根据中型体重制定，轻型鸡可酌减 10%。

**　开产日龄按 5%产蛋率计算，下同。

（二）产蛋鸡营养需要量

见表 5-6。

表 5-6　产蛋鸡营养需要量

营养水平		开产至高峰期（>85%）	高峰后（<85%）	种鸡
代谢能	（兆焦/千克）	11.29	10.87	11.29
粗蛋白质	（%）	16.5	15.5	18.0
蛋白能量比	（克/兆焦）	14.61	14.26	15.94
赖氨酸能量比	（克/兆焦）	0.64	0.61	0.63
赖氨酸	（%）	0.75	0.70	0.75
蛋氨酸	（%）	0.34	0.32	0.34
蛋氨酸+胱氨酸	（%）	0.65	0.56	0.65
苏氨酸	（%）	0.55	0.50	0.55
色氨酸	（%）	0.16	0.15	0.16
精氨酸	（%）	0.76	0.69	0.76

（续）

营养水平	开产至高峰期（>85%）	高峰后（<85%）	种鸡
亮氨酸 （%）	1.02	0.98	1.02
异亮氨酸 （%）	0.72	0.66	0.72
苯丙氨酸 （%）	0.58	0.52	0.58
苯丙氨酸＋酪氨酸 （%）	1.08	1.06	1.08
组氨酸 （%）	0.25	0.23	0.25
缬氨酸 （%）	0.59	0.54	0.59
甘氨酸＋丝氨酸 （%）	0.57	0.48	0.57
可利用赖氨酸 （%）	0.66	0.60	—
可利用蛋氨酸 （%）	0.32	0.30	—
钙 （%）	3.50	3.50	3.50
总磷 （%）	0.60	0.60	0.60
非植酸磷 （%）	0.32	0.32	0.32
钠 （%）	0.15	0.15	0.15
氯 （%）	0.15	0.15	0.15
铁 （毫克/千克）	60	60	60
铜 （毫克/千克）	8	8	6
锌 （毫克/千克）	80	80	60
锰 （毫克/千克）	60	60	60
碘 （毫克/千克）	0.35	0.35	0.35
硒 （毫克/千克）	0.30	0.30	0.30
亚油酸 （%）	1	1	1
维生素 A （国际单位/千克）	8 000	8 000	10 000
维生素 D_3 （国际单位/千克）	1 600	1 600	2 000
维生素 E （毫克/千克）	5	5	10
维生素 K （毫克/千克）	0.5	0.5	1.0

（续）

营养水平		开产至高峰期（>85%）	高峰后（<85%）	种鸡
维生素 B_1	（毫克/千克）	0.8	0.8	0.8
维生素 B_2	（毫克/千克）	2.5	2.5	3.8
泛酸	（毫克/千克）	2.2	2.2	10.0
烟酸	（毫克/千克）	20	20	30
吡哆醇	（毫克/千克）	3.0	3.0	4.5
生物素	（毫克/千克）	0.10	0.10	0.15
叶酸	（毫克/千克）	0.25	0.25	0.35
维生素 B_{12}	（毫克/千克）	0.004	0.004	0.004
胆碱	（毫克/千克）	500	500	500

四、散养鸡的补饲

详见第八章育成鸡的散放养和第九章产蛋鸡的散放养。

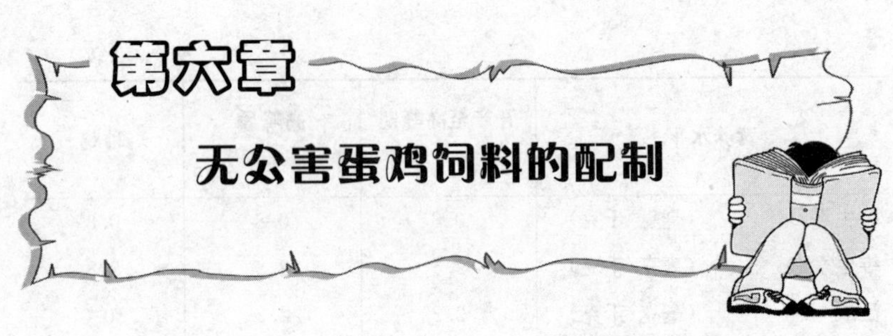

一、无公害蛋鸡饲料配制的基本要求

可以作为鸡饲料原料的品种很多，很显然没有一种饲料原料可直接满足鸡只的需要。据现已掌握的知识，鸡需要42种以上的营养素（营养物质），在本书中仅介绍了30余种。在鸡的日粮中长期缺乏任何一种营养素都将使鸡只出现营养缺乏症，所以要科学地合理配合出鸡只饲料，并不是一件轻易的工作。

（一）配制原则

1. 满足不同状态下鸡只的营养需求 不同品种的鸡只、不同生长发育阶段的鸡只、不同生产性能的鸡只有不同的营养要求。在进行饲料配合时要根据各种情况选择鸡只适宜的营养标准，科学地满足鸡只营养需求。

2. 安全合法 在进行无公害蛋鸡饲料配制时，要严格遵守相关的条例法规，不使用发霉、变质或受污染后的原料，具体的《饲料和饲料添加剂卫生指标》见附录一。严格遵守《饲料添加剂安全使用规范》，农业部第1224号公告内容见附录二。严格执行添加剂禁用的规定和停用期规定，不超量、超限使用药物。

3. 经济合理，尽量降低成本 不同的原料有不同的营养含量与价格；多采用线性规划来配制最低成本饲料配方，以达到经

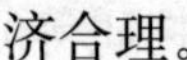

济合理。

4. 合理搭配，尽量使原料种类多样化　采用多种饲料原料，可充分发挥各种饲料原料蛋白质、氨基酸及其他营养成分的互补作用，并可提高各种营养物质的消化率与吸收率。

5. 尽量采用先进新技术　目前，线性规划、目标规划、按可消化氨基酸（3A）设计配方及所谓“最低风险配方”和“潜在配方”都是很好的新技术。

（二）配制时的注意事项

1. 选择正确的营养标准　由于散养蛋鸡采用不同的品种，各品种蛋鸡都有各自的营养标准，这些标准有各自的特点，对本品种鸡只的生长发育有促进作用。但在选用这些营养标准时，还要考虑所饲养鸡的具体情况，如季节、外界草虫条件、鸡群密度、补饲条件等加以适当调整，不要生搬硬套。

2. 应初步掌握各种营养物质的大致比例　表6-1是无公害蛋鸡饲料配制中常见的各种饲料的大致比例。

表6-1　蛋鸡配合日粮中各营养物质的大致比例

种　类	比例（%）	种　类	比例（%）
谷物饲料	58～72	动物性蛋白饲料	尽量不添加
糠麸类饲料	5～15	矿物质饲料	2～10
植物性蛋白饲料	20～30	各类添加剂	1

3. 了解鸡只采食量与能量和蛋白质的关系　鸡有“因能而食”的自我调节功能，当采食的能量满足后，采食就会停止。所以，当鸡只采食量低时，如饲料中蛋白质等含量低，会造成鸡只蛋白质等摄入不足，这样必然要影响到鸡只的生长发育与生产（产蛋）；当鸡只采食量高时，如饲料中蛋白质等营养素含量高，会造成饲料资源浪费；所以，要根据不同季节，考虑散养鸡的采

食食物的种类，使饲料中能量与蛋白质（或维生素、矿物质等）有一个恰当比例，做到既满足能量需求，又满足其他营养物质需求，不造成饲料资源浪费，达到提高经济效益的目标。

4. 配制时注意蛋白质的组成（氨基酸平衡）**问题** 单纯的高蛋白日粮，鸡只生长、生产成绩不一定会好。因为，存在氨基酸平衡问题。鸡只第一限制性氨基酸是蛋氨酸，其次为赖氨酸与色氨酸，共有8种（雏鸡需要13种）必需氨基酸。限制性氨基酸由于它本身含量低，可造成饲料中氨基酸不平衡，影响到其他氨基酸的吸收与利用，所以在配合饲料时，要注意氨基酸的平衡问题。

5. 恰当掌握磷钙比例 在鸡的饲料中磷钙要有恰当的比例，因为鸡只对磷的吸收与钙在饲料中含有量有关。如饲料中含钙多时，有碍于雏鸡生长，也影响磷、镁、锰、锌的吸收，一般鸡只生长阶段，磷钙比为1∶1～2为宜，产蛋鸡为1∶5～7为宜。

6. 配合后饲料适口性要好 假如配合饲料的适口性不好，品质差，即使理论上计算饲料中营养成分浓度达到了营养标准要求，但因鸡只采食量不足，最终会因摄入营养物质不足而影响到鸡只的生长与生产。所以，对饲料原料的品质要有选择，发霉变质的原料绝不能使用。

7. 饲料混合工艺要合理 维生素、微量元素、氨基酸添加剂和药物等在配合饲料中用量少、作用大，如混合工艺不合理，会造成中毒现象。有些必要项目要进行预混合，再进入饲料混合工艺。

二、蛋鸡常用的饲料原料

（一）能量饲料

以干物质为基础，凡蛋白质含量在20%以下、粗纤维含量在18%以下的饲料叫能量饲料，能量饲料包括谷实类饲料、糠麸类饲料、草籽树实类饲料、淀粉质块根、块茎、瓜果类饲料和含能量高的油脂类饲料。在蛋鸡饲料上最常用为谷实类饲料与糠麸类饲料。

1. 谷实类饲料 谷实类饲料也称谷类饲料或谷物，我国农村习惯称为饲料粮。谷实类饲料特点是鸡只可利用能量高，因为它们含粗纤维低、含淀粉高。一般占全价配合料的60%～70%，是能量的主要提供者。谷实类饲料中含蛋白质较低，一般在8%～11%，但因为它们在全价配合料中的比例大，由谷实类饲料提供的蛋白质，占鸡只总蛋白需要量的比例很大，一般为30%左右，这是绝对不可忽视的一部分。在所有谷实类饲料的氨基酸组成中，具有共性的特点是，赖氨酸和蛋氨酸含量不足；特别在玉米中色氨酸含量低和麦类中苏氨酸含量低是典型代表。在谷实类饲料中大都是维生素 B_1 含量丰富，维生素E也较高；但维生素 B_2 含量低，维生素D更低。所有谷实类饲料中均不含有维生素 B_{12}。

(1) 玉米 在我国乃至全世界大多数地区，玉米是养鸡的主要能量饲料。玉米的价格对鸡蛋的价格有决定性作用。玉米作为鸡饲料原料，它的可利用能值高，一般玉米代谢能值为14兆焦/千克，最高者为15兆焦/千克，是所有谷实类饲料中最高者。玉米中含有的亚油酸（必需脂肪酸）多为2%，也是所有谷实类饲料中含量最高者。在鸡日粮中通常要求有1%的必需脂肪酸，如日粮中玉米配比超出50%，则仅仅是玉米便满足了鸡只对必需脂肪酸的需求。玉米作为鸡饲料原料，其蛋白质组成不理想，虽然玉米作为能量饲料，但玉米所提供的蛋白占全部所需蛋白质的30%以上。通常国标二级玉米中含蛋白质8.6％，氨基酸组成中赖氨酸、蛋氨酸和色氨酸明显不足。

我国在20世纪80年代就开始了优质蛋白玉米的育种工作，优质蛋白玉米又称高赖氨酸玉米，初期育种时它有两个致命弱点，产量低与软胚乳。现利用 O_2 基因和胚乳物理性状修饰基因，基本上克服了这两个缺点。我国现已培育出十几个优良品种，它们的代表是中单206、鲁单203、长单58等，与普通的玉米品种相比，优质蛋白玉米中的非醇溶性蛋白（优质蛋白）是普通玉米的1.5倍，赖氨酸是普通玉米的1.5～2倍，色氨酸是普通玉米的1.5倍，烟酸是普通玉米的1倍，特别是可吸收的游离烟酸是普通玉米的2倍。

玉米、豆粕型日粮是养鸡生产中最常见日粮类型，玉米与鱼粉和大豆饼、粕配伍，氨基酸较易得到平衡，如果采用无鱼粉日粮，则必须添加蛋氨酸，必要时还应添加赖氨酸。在使用玉米时要考虑含水量这一因素，特别在玉米收获季节与冬季，玉米含水量是一个影响生产的实际问题，营养成分表中的玉米营养成分是在标准含水量（通常为14%）时的指标，但在玉米收获季节，玉米中含水量很高，特别是冬季东北的冻玉米，有时含水量高达25%以上，这时因含水量高对玉米营养价值影响很大，使用时必需引起重视。高水分玉米在适宜温度时易遭霉菌破坏、腐败、发热变质。所以，在玉米贮存时必须考虑含水量。使用玉米前要对黄曲霉毒素 B_1 含量进行检验。无公害蛋鸡饲养中对玉米的添加量没有数量限制。

（2）高粱　高粱的营养成分与玉米近似，但因单宁含量较多有涩味，适口性差，过量使用后能引起便秘。一般在无公害蛋鸡饲养时，高粱用量不应超出日粮组成的15%。但高粱的栽培习性既耐涝又耐旱，抗逆性比玉米强，有些低洼地种玉米可因雨水大，颗粒不收，种高粱却不受太大影响。在夏季为防止鸡只轻度腹泻，可适当在日粮配比中加入5%～10%的高粱。高粱的代谢能值为12.5兆焦/千克左右，含脂肪与亚油酸都不及玉米，氨基酸组成与玉米近似。在高粱中含单宁高的品种，蛋白质消化率明显降低。

（3）小麦　按我国人民习惯，小麦很少作为饲料。但有些地区小麦价格低于玉米价格，是可以考虑用小麦作为饲料的。小麦代谢能为 13 兆焦/千克，略低于玉米。原因是小麦中粗脂肪少，仅为玉米中的一半，但小麦蛋白质含量高，达 12%以上，比玉米高出 40%以上。由于蛋白质含量高，必需氨基酸含量也高，但小麦中苏氨酸含量低，在配合日粮中要加以考虑。小麦中的β-葡聚糖和戊聚糖含量比玉米高，大量使用小麦后会使鸡的粪便含水量和黏性增加，在使用小麦时应在相应的日粮中添加酶制剂，以改善日粮的饲料转化率。在无公害蛋鸡饲养时，小麦的添加量不要超过日粮组成 30%。

（4）稻谷　玉米价格高也是使用稻谷的原因。稻谷由稻米、米糠和砻糠三部分组成，由于粗纤维含量高达 8.5%以上，所以代谢能值低。一般讲稻谷不适于作为鸡饲料，因为它蛋白质含量低，仅 8.3%，比玉米还低，代谢能值为 10.5～11 兆焦/千克，氨基酸组成上也没有突出优越性。如条件允许，应尽量不用稻谷作为鸡饲料原料。但脱壳后稻米代谢能值与玉米相仿为 14 兆焦/千克，蛋白质含量为 8.8%，氨基酸组成与玉米相仿，色氨酸高于玉米，亮氨酸低是其特点。如价格适宜可考虑作为饲料原料。一般在无公害蛋鸡饲养时，稻米的添加量不要超过日粮组成的 20%。

2. 糠麸类饲料　糠麸类饲料是加工面粉与精米的副产品，主要是麸皮（小麦麸）与大米糠。它们含蛋白质比谷实类高出 50%，并且富含 B 族维生素，特别是硫胺素、烟酸、胆碱、吡哆醇和维生素 E 含量高，并含有适量的粗纤维。但糠麸类饲料含代谢能仅为谷实类的一半，价格又与谷实类饲料相差不多，并且钙含量低，磷不能被鸡只充分利用，吸水性强易发霉变质。

（1）麦麸　小麦子实中大部分（84%）是粉，种膜仅占 14.5%，另 1.5%是胚；磨面时粉碎种膜。麦麸是大小不一的种膜与粉状物质的混合物，在磨面时，出粉率高，则麦麸的粗纤维含量高，代谢能值低。麦麸中含有丰富的 B 族维生素，但没有维生素 B_{12}，麦麸在蛋鸡日粮中常用，对促进正常消化过程有利，在育成鸡的限制饲养时，麦麸占日粮的20%也可以。在使用麦麸时要注意含水量，正常含水量应在12%以下，但质量不好时水分可能高达16%以上。在蛋鸡产蛋期，大量使用糠麸类饲料，会影响蛋鸡的产蛋性能，所以一般控制麦麸用量不超过日粮组成的10%。

（2）大米糠　每100千克稻谷可出稻米72千克，砻糠（稻壳）22千克和大米糠6千克。砻糠因纤维含量高，营养价值低，不能属于糠麸类饲料，但大米糠却是好饲料。大米糠代谢能值为11.3兆焦/千克，粗纤维含量在9%左右，粗蛋白质含量在12%左右，粗脂肪含量高达15%，在所有谷实类饲料和糠麸类饲料中其含量最高。大米糠氨基酸组成中蛋氨酸含量高，是玉米的1倍，与大豆饼、粕配伍较宜。粗脂肪含量高给大米糠贮存和使用带来不便，极易发生氧化酸败和大米糠发霉与发热。使用氧化（酸败）和发霉的大米糠可使鸡只中毒、发生腹泻，重者死亡。同麦麸一样，在无公害蛋鸡饲养中，大米糠的用量一般不超过日粮组成的10%。

（3）其他谷物的糠麸　高粱糠含代谢能8.4兆焦/千克，含蛋白质10.3%左右，有些品种高粱糠含单宁多，易便秘，使用中要注意，一般在无公害蛋鸡饲养时，高粱糠的用量不超过日粮组成的5%。小米糠含代谢能8.4兆焦/千克，含蛋白质11%，是鸡只较好的糠麸类饲料，并且B族维生素含量高，营养价值高。一般在无公害蛋鸡饲养时，小米糠的用量不超过日粮组成的10%。玉米糠含代谢能7.5兆焦/千克，含蛋白质10%，含粗纤维为10%左右。在无公害蛋鸡饲养时，玉米糠的用量不超过日粮组成的10%。

3. 油脂类饲料　因为蛋鸡所需代谢能和蛋白质水平都不是太高，用一般饲料原料就可以配制出合格日粮，所以我国在蛋鸡日粮中多数不使用油脂。但在美国亚利桑那大学的试验中证明添加脂肪对蛋鸡产蛋性能的影响（表6-2）。特别在高温的热应激

条件下，添加油脂是克服热应激的一个明智选择。

表 6-2 脂肪对蛋鸡产蛋性能的影响

脂肪水平（%）	产蛋率（%）	料蛋比	蛋重（克）	日产蛋量（克）
0	70.69	2.70∶1	60.5	42.57
2	71.34	2.69∶1	61.0	43.30
4	74.17	2.51∶1	60.0	44.40
6	76.20	2.43∶1	61.5	46.90

油脂可分为动物性油脂和植物油两大类。较好的动物油脂是牛脂、猪脂、羊脂与鸡油；鱼油由于易氧化，使用中要注意。好的植物油是玉米油、大豆油、花生油、向日葵油、芝麻油，在使用棉子油、菜子油等时要注意。最近爱尔兰和 20 世纪末比利时发生的二噁英污染问题，引起了全球人士的震惊，追其根源，在比利时就是因使用饲用油脂中混入了工业用油品，结果在加工过程中产生了二噁英。二噁英毒性比氰化钾高出百倍，比砒霜高出近千倍，由于二噁英引发的食品恐慌蔓延到全球，这一问题引发了业内人士对食品安全的深思，今后必须要以立法形式对饲料添加成分加以限制。

（二）蛋白质饲料

以干物质为基础，凡蛋白含量在 20%以上，粗纤维含量在 18%以下的饲料，叫蛋白质饲料，通常按它们的来源划分为植物性蛋白质饲料与动物性蛋白质饲料和其他类蛋白质饲料三大类。

1. 植物性蛋白质饲料 按它们不同性质的来源，可分为三大类。一类是油饼、油粕类，这是养鸡生产中最主要的一类蛋白质饲料；还一类是豆科子实；另一类为其他加工业的副产品。油饼油粕类饲料是含油多的植物子实经脱油处理后留下的加工副产品，过去以脱油为主，对油饼、油粕利用不充分。现在集约化饲养业和配合饲料工业的发展，对油饼、油粕类饲料的需要量大增，并在局部地区出现油积压，饼、粕类无库存的现象。在油饼、油粕加工中加热是一个重要必不可少的过程，因加热可使蛋白质变性，破坏酶的活性，解除毒素的毒性，提高蛋白质利用率。但过度加热也不好，它将使蛋白质变性过度和氨基酸结构发生改变，反而使蛋白质利用率下降。

（1）**大豆饼、粕** 在我国绝大多数地区，大豆饼、粕是最主要的鸡用蛋白质饲料原料，使用时应不超过日粮组成的30%。在无公害蛋鸡日粮中，因为蛋白和能量都不是要求很高，用不到30%的大豆饼、粕便可满足饲料配方需要，所以实际上使用大豆饼、粕是不受数量的限制。在所有饼、粕类饲料中，大豆饼、粕是最优越的饼、粕类饲料。大豆饼、粕适口性好，不仅鸡爱采食，各种动物都爱吃。正常质量的大豆饼、粕应含蛋白质40%～46%，并且氨基酸组成比例也好，赖氨酸含量高，可达2.5%。这一点是其他任何饼、粕类饲料都不具备的，大豆饼、粕中色氨酸为1.85%，苏氨酸为1.81%，但蛋氨酸含量不足，比菜子饼、粕和葵花仁饼、粕略低。大豆饼、粕最适宜与玉米配合生产出全价饲料，在无鱼粉的玉米——豆粕型日粮中，添加适量DL-蛋氨酸后，可弥补玉米与豆粕的缺点，结合它们的优点，配合出无公害蛋鸡生产所需的满意日粮。

没有经过加热或加热不充分的大豆饼、粕中含有几种毒素，如抗胰蛋白酶因子、血细胞凝集因子和皂角素苷等；还有尿素酶（脲酶）等酶。表6-3说明加热对大豆饼、粕的影响。

表6-3 不同加热条件对大豆饼粕营养价值的影响

大豆饼粕	蛋白质相对效率	胰蛋白酶抑制因子活性（%）	尿素酶活性（%）	可溶性蛋白质（%）
适度加热	100	33	0.20	14.2

（续）

大豆饼粕	蛋白质相对效率	胰蛋白酶抑制因子活性（%）	尿素酶活性（%）	可溶性蛋白质（%）
加热过度	91	15	0.05	5.1
加热不足	78	57	1.70	41.6
未加热	40	57	1.90	76.2

由于抗胰蛋白酶因子活性与尿素酶活性同步受加热影响，所以在测定抗胰蛋白酶活性时，一般情况下都不用手续繁杂的离体消化法，而改同步测尿素酶活性。从感观上正常加热的大豆饼、粕应为黄色，加热不足时颜色较淡，有些灰白色，过度加热后呈红褐色。用一个简单的定性方法可在现场进行测定，将约 50 克粉碎的大豆饼粕装入密封瓶中，加入 5 克尿素后搅拌，再加入 25 毫升水再次搅匀，塞紧瓶塞后在 20℃下静置 20 分钟，打开瓶后如有浓重氨味，说明加热不充分，有胰蛋白酶抑制因子存在。测定时应掌握好静置时间，如果长时间静置，瓶子开塞后都有氨味。下面是实验室尿素酶活化度测定法。

尿素酶活化度的测定法（pH 增值法，pH 上升法）

［仪器］

1. 30±0.5℃ 的可调恒温水浴。

2. pH 计。可测 20 毫升溶液，准确度在 0.02pH 范围内者。

3. 20 毫米×150 毫米具塞试管，或者是 50 毫升具塞离心管。

［试剂］

1. 0.05M 磷酸缓冲液　取 KH_2PO_4 3.403 克，溶于 100 毫升去离子水中，再取 K_2HPO_4 4.355 克溶于 100 毫升去离子水中，把这两种溶液的混合液共配制1 000毫升调节 pH 至 7.0。该缓冲液有效期 90 天。

2. 尿素缓冲液　取尿素 15 克，溶于 500 毫升磷酸缓冲液。为防止霉菌发酵，加 5 毫升甲苯为防腐剂，调节 pH 值为 7.0。

［操作方法］

1. 将试样粉碎至 0.35 毫米（42 筛目）以下。

2. 分别准确称取 0.4 克（±0.001 克）试样于两支试管中，一支试管中加入 20 毫升尿素缓冲液，另一支试管中加入 20 毫升磷酸缓冲液（空白），盖紧塞子，摇匀后放入 30℃恒温水浴中。

3. 每 5 分钟摇匀一次。

4. 反应 30 分钟后，在 5 分钟内测定 pH 值。

[计算]

尿素酶活化度＝试样 pH 测定值－空白的 pH 值。

不得超过 0.3 单位。最小值为 0.02 单位。

（以上测定方法引自《配合饲料配制技术》王和民，P163）

（2）棉仁（子）饼、粕　棉花子实脱油后的饼、粕，因加工手段不同，棉子壳去壳程度不同，所具有的营养价值相差很大。完全脱壳的棉仁饼、粕含蛋白质应达 41％以上，最高可达 44％，代谢能水平可达 10 兆焦/千克，若不考虑氨基酸的组成问题，已与大豆饼、粕相差不多。而不脱壳的棉子饼、粕仅含蛋白质 22％左右，代谢能水平才 6.3 兆焦/千克。但以上两者都不多见，在生产实践中常见的棉仁（子）饼、粕含蛋白质 36％～40％，代谢能水平 8.6～9.4 兆焦/千克。

棉仁饼、粕的氨基酸组成特点是，赖氨酸不足，精氨酸过高；赖氨酸含量在 1.3％～1.5％，约为大豆饼、粕的一半，精氨酸含量高达 3.6％～3.8％。蛋氨酸含量也低，约为 0.4％。所以，棉仁饼、粕最好与菜子饼配伍，这样可减轻赖氨酸与精氨酸的拮抗现象，还减少了 DL-蛋氨酸的添加量，经济效益好。

棉子中含有棉酚，尤其在子实的棉仁色素腺体内含量多，棉酚是一种有毒物质，鸡棉酚中毒后，轻者生长受阻，生产能力下降，繁殖能力下降，重者发生死亡。在棉子脱油过程中，有部分棉酚残留在饼、粕中，在加热过程中大部分棉酚与蛋白质和氨基酸结合变成结合棉酚，结合棉酚对鸡只没有毒害作用，但游离棉酚是有毒的。日粮的蛋白质水平、亚铁离子水平和钙离子水平与游离棉酚毒害作用程度有关。蛋白质水平高，耐受棉酚能力也高，日粮中亚铁离子可在消化道内与游离棉酚络合，使棉酚不被吸收而排出体外；钙离子可促进这个络合过程。所以，添加硫酸亚铁有解毒作用，添加钙有增效作用。不同加工条件下棉酚含量不同，压榨饼与浸提粕含游离棉酚低，土榨饼含量高，关键是否加热在80℃以上，这个加热工艺对游离棉酚含量高低有重要作用。在使用棉仁饼、粕时，要了解相应的加工工艺，并要实测棉酚含量，以决定是否使用棉仁饼、粕。在无公害蛋鸡育雏阶段，不要使用棉仁饼、粕；在育成和产蛋阶段，棉仁饼、粕的用量也不能超过日粮组成的5%。

（3）菜子饼、粕　菜子饼、粕的可利用能量水平较低，菜子饼代谢能为8.37兆焦/千克，菜子粕为7.95兆焦/千克；中等质量蛋白质含量为36%左右。适口性也不是太好，不能作为鸡饲料的唯一蛋白质饲料来源。但菜子饼、粕氨基酸组成有特点，它的蛋氨酸含量高，赖氨酸含量也可以，并且精氨酸含量低，在所有饼、粕类饲料中，其他都是精氨酸含量高于赖氨酸，唯有菜子饼、粕两者大体相当，所以用菜子饼、粕与棉仁饼、粕配伍，可改善氨基酸间的平衡比例关系。

菜子饼、粕中的毒素主要与硫葡萄糖甙类化合物有关，硫葡萄糖甙本身来讲并没有毒，但在一定水分和温度作用下，由芥子酶（硫葡萄糖甙酶）酶解，可生成硫酸盐、葡萄糖、异硫氰酸盐和腈类。部分异硫氰酸盐经环化，生成噁唑烷硫酮，它会导致鸡只甲状腺肿大，使营养物质利用率下降，生长和繁殖能力受到抑制。油菜育种工作者通过选育，培育出了含硫葡萄糖甙和芥酸“双低”品种，生产的菜子饼、粕含毒素少。同棉仁饼、粕一样，在无公害蛋鸡的雏鸡阶段，不能添加菜子饼、粕；在育成与产蛋阶段，菜子饼、粕的用量不能超过日粮组成的5%。

（4）其他饼、粕类　主要有花生饼、粕；葵花饼、粕；亚麻子饼、粕；芝麻饼、粕等。

花生饼、粕的代谢能高，为12.55兆焦/千克，为所有饼粕类中代谢能最高者。蛋白质含量也高，高者可达44%以上，并且适口性好，有香味。但花生饼、粕的氨基酸组成不佳，赖氨酸与蛋氨酸含量都低；最好在饲喂时与鱼粉、血粉、菜子饼、粕类相配伍。使用花生饼、粕时要注意黄曲霉中毒问题，花生的含水量在 9%以上，在 30℃、相对湿度为 80%时，就会有黄曲霉繁殖，而其他饲料原料在相同条件下，含水量超过 14%后，才会有黄曲霉繁殖。黄曲霉不但使鸡只中毒，其中的黄曲霉 B_1 毒素并可使人患肝癌，所以在高温高湿季节，要注意原料中黄曲霉毒素含量。花生饼、粕多用在育成和产蛋阶段，用量一般不超过日粮组成的 10%。

葵花饼、粕的饲用价值在于脱壳程度。脱壳好的代谢能为 10 兆焦/千克，蛋白质为 32%；脱壳不好者代谢能仅 6 兆焦/千克，蛋白质为 28%。这种葵花饼、粕含粗纤维已超出蛋白质饲料 18%的最高限度。葵花饼、粕与其他饼、粕类配伍，可得到较好的饲养效果。葵花饼、粕多用在育成与产蛋阶段，用量一般不超过日粮组成的 5%。

亚麻（胡麻）子饼、粕的饲用价值不高，但因价格便宜，可控制使用。在雏鸡阶段不能使用亚麻子饼、粕，在生长鸡与产蛋鸡阶段可控制在不超过日粮总量的 3%。亚麻子饼、粕代谢能仅为 7.11 兆焦/千克，蛋白质含量为 33%～36%。在亚麻子实中，特别是未成熟子实中有一种亚麻甙配糖体（生氰糖甙），在 pH5.0 时被亚麻酶水解，生成氢氰酸，氢氰酸对任何畜禽都有毒。由于子实成熟程度不同和加工条件（是否加热）不同，在亚麻子饼、粕中氢氰酸含量差异很大。另外，由于亚麻子饼、粕的毒素抑制吡哆醛的生理作用，在使用亚麻子饼、粕时要倍量添加吡哆醇（维生素 B_6）。

芝麻饼、粕不含有任何毒素，是安全的饼、粕类饲料，通常芝麻饼、粕含代谢能为 9.2 兆焦/千克，蛋白质为 40%，粗纤维为 7%左右。其最大特点是蛋氨酸含量高为 0.8%以上，是大豆饼、粕的 1 倍以上。但赖氨酸含量低，精氨酸含量高，在配料时

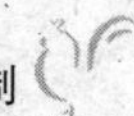

要注意。

（5）玉米蛋白粉　玉米蛋白粉也有人叫玉米面筋粉，因生产工艺不同蛋白质含量为25%～60%，是生产玉米淀粉与玉米油的同步产品，随玉米深加工企业的增多，在鸡饲料中应用玉米蛋白粉会愈来愈多，特别是玉米蛋白粉中含有大量叶黄素，在产蛋鸡饲料中使用玉米蛋白粉，还有着色剂作用。在良好工艺下生产的玉米蛋白粉含蛋白质高，营养成分全面，营养特点显著，粗纤维含量很少，是真正的植物性蛋白饲料。玉米蛋白粉中蛋氨酸含量高，与相同蛋白水平的鱼粉相同，但赖氨酸与色氨酸含量很少，不及相同蛋白水平鱼粉中的1/4；并且精氨酸含量也高。在无公害蛋鸡饲养时，玉米蛋白粉的用量一般是不超过日粮组成的10%。

（6）豆类子实　在鸡的饲料中，直接将豆类子实用于喂鸡不多见。如果在散养蛋鸡时将豆类子实作为粒料使用，建议焙炒后再喂。

2. 动物性蛋白饲料　动物性蛋白饲料主要是鱼粉、肉粉、肉骨粉、血粉及家畜屠宰场废弃物、羽毛粉、蚕蛹粉、蚕蛹粕等。它们共同特点是可利用能量高，蛋白质含量高，氨基酸组成成分合理，含有的磷是可利用磷，除各种维生素外，还有植物性饲料中没有的维生素B_{12}。但要注意在使用动物性饲料时的带菌问题（沙门氏菌及大肠杆菌）等。

近年来，朊病毒被确定是羊痒病、牛海绵状脑病（俗称疯牛病）、人的库鲁氏病和脑组织软化病等的病因。朊病毒有极高的热稳定性，并在宿主动物体上有相对长的潜伏期的极高的发病致死率，朊病毒病传播主要是由于动物（包括人类）采食被朊病毒污染的动物性蛋白质所致。所以，有科学家认为，切断朊病毒传播的最好方式是禁止在动物饲料中添加肉骨粉、血粉、鱼粉、羽毛粉等所有动物性蛋白质饲料，尤其是禁止同源性动物蛋白质饲料进入同种动物食物链，如果人类擅自违背自然界长期形成的食物链，可能遭受大自然的惩罚，导致意想不到的灾难性后果。鉴于此，2002年10月3日欧盟议会和欧盟执行委员会通过了2002年第1774号条例《非供人类食用的动物副产品的卫生条例》，对用动物副产品加工生产动物饲料进行限制与规定。除鱼粉外，同源性动物蛋白质不得用于饲喂同种动物，对动物副产品加工厂实行许可证制度，并对原料收集、运输、存放和生产条件、工艺设备和废弃物处理进行了详尽规定。美国政府也做出了规定，在所有鸡的饲料中不许添加鸡的副产品如羽毛粉、鸡屠宰场与孵化场的下脚料等。我国目前也在起草动物性蛋白质饲料的安全使用规范。

（1）鱼粉　由于加工鱼粉工艺与原料不同，鱼粉中各种营养成分相差很大。国产优质鱼粉代谢能为10兆焦/千克，蛋白质含量为55%；进口鱼粉代谢能为12兆焦/千克，蛋白质为65%。鱼粉的蛋白质好，赖氨酸和蛋氨酸含量都高，精氨酸含量较低，这正与大多数饲料的氨基酸组成相反，所以在用鱼粉配制日粮时，氨基酸很容易平衡。鱼粉属于高能量高蛋白饲料原料，以鱼粉为原料很容易配制出高能量高蛋白饲料，并且鱼粉中维生素和微量元素含量高，还有促生长的未知因子。

使用国产鱼粉时要考虑含盐量，要先测定含盐量后再决定使用比例。在夏季要注意鱼粉的发霉变质和自燃问题。在无公害蛋鸡生产中，通常鱼粉的用量不超过日粮组成的6%，这时考虑的因素主要是鱼粉的价格太高。

（2）肉粉及肉骨粉　屠宰场的肉屑、碎肉等加工成的饲料叫肉粉，如连骨带肉为主要原料则是肉骨粉。在产品中含磷4.4%以上为肉骨粉，4.4%以下为肉粉，它们的蛋白质含量是在50%～60%；氨基酸组成是赖氨酸含量高，蛋氨酸与色氨酸含量低。含有的B族维生素较多，但维生素A、维生素D、维生素B_{12}含量都低于鱼粉。在肉骨粉中含有大量钙、磷和锰。国内肉粉和肉骨粉产量不多，在无公害蛋鸡生产中肉粉及肉骨粉的用量

一般不超过日粮组成的4%。

(3) 血粉　血粉的粗蛋白质含量很高，可达80%~90%，赖氨酸高达7%~8%，组氨酸含量也很高，精氨酸含量低，与花生饼、粕，棉仁饼、粕配伍，可得到较好饲养效果。血粉中几乎没有异亮氨酸，它是一种蛋白质含量高，但氨基酸组成不平衡的饲料原料。并且血粉的消化率低，适口性差，尽管“发酵血粉”说是解决了消化率问题，但并没有实质性突破，使用中要加以限量，一般应不超过日粮组成的3%，但血粉在国内是一个有潜力的动物性蛋白质饲料资源。

(4) 羽毛粉　好的羽毛粉代谢能为10兆焦/千克，蛋白质含量高达86%，代谢能越高，说明羽毛粉质量越好。羽毛粉中磷钙含量少，硫含量高，是所有饲料中含硫最高的，可高达1.5%。羽毛粉也有维生素，但含量极低，它的氨基酸组成中，甘氨酸和丝氨酸含量高，分别为6.3%与9.3%，并且异亮氨酸高达5.3%，可与血粉配伍；但羽毛粉中赖氨酸和蛋氨酸含量低，只相当于鱼粉的1/4或1/5。以上是对优质羽毛粉而言，如采用原料质量差，或者加工工艺不合理，羽毛粉营养价值将大大降低。在无公害蛋鸡生产中羽毛粉应慎用。

(5) 蚕蛹粉、粕　蚕蛹粉是未脱油制品，因粗脂肪含量高，故代谢能高达11.7兆焦/千克，蛋白质为54%；蚕蛹粕是脱油后制品，代谢能为10兆焦/千克，蛋白质为65%。在氨基酸组成上它的最大特点是，蛋氨酸含量2.2%~2.9%，为所有饲料中最高者；并且赖氨酸含量也很高，与优质鱼粉相同；色氨酸高达1.25%~1.5%，比优质鱼粉高近1倍。所以，蚕蛹粉、粕是氨基酸平衡的好原料，它们的磷、钙含量较低。但在饲料中应用蚕蛹粉、粕后，有可能使鸡蛋、鸡肉带有不良气味，应严格控制用量，一般在无公害蛋鸡生产中蚕蛹粉、粕用量不超过日粮组成的2%。

3. 其他蛋白质饲料　其他蛋白质饲料主要是单细胞蛋白质

饲料，单细胞蛋白质饲料也叫微生物蛋白质饲料，包括细菌、酵母、真菌、某些藻类及原生动物等。饲料酵母是它们的代表，饲料酵母含蛋白质45%～50%，并含丰富的B族维生素，但不含维生素B_{12}。酵母中氨基酸组成介于动物性蛋白质与植物性蛋白质之间，特点是赖氨酸、色氨酸、苏氨酸、异亮氨酸等必需氨基酸含量高；精氨酸含量低，容易与饼、粕类饲料配伍。但酵母中含硫氨基酸（蛋氨酸与胱氨酸等）含量低，在使用中应考虑额外添加DL-蛋氨酸。单细胞蛋白质饲料因受生产工艺所限，存在不同批次间质量参差不齐的问题，建议在无公害蛋鸡饲料中，酵母用量不超过日粮组成的2%为宜。

（三）矿物质饲料

人们通常把钙源饲料、磷源饲料和食盐叫作矿物质饲料。

1. 钙源饲料 通常钙源饲料是组成鸡日粮中最廉价的原料，所以生产实践中绝大多数问题是钙源饲料供应超出标准，而不是供量不足。钙超标后会影响与磷之间的平衡，使钙与磷两者的消化、吸收与代谢都受到影响，鸡多钙与缺钙都将会生长不良，发生佝偻病与软骨病，产蛋鸡产软壳蛋和薄壳蛋。

（1）*贝壳粉* 贝壳粉又称为贝粉或牡蛎粉，是水产螺蚌贝壳加工粉碎而成，颜色为灰色或灰白色，天然成分为碳酸钙。贝壳粉不要求全部是粉末状，最好有一部分是粒状，粒状贝壳粉可以缓释钙，对产蛋鸡形成蛋壳有益；并且粒状贝壳粉对饲料的消化也起“牙齿”的作用。通常贝壳粉应含钙35%以上，镁含量不应超出0.5%。

（2）*石粉* 石粉由良质石灰石制成，应含钙35%以上，高者可达38%，石粉颜色为白色或灰白色，使用中要注意砷超标问题，养鸡生产中最好石粉与贝壳粉共同使用作为鸡只钙源。

（3）*其他钙源饲料* 石膏含有20%～30%钙，但有时会存在氟超标问题。白云石粉含钙24%，因含镁高而饲用价值低。

2. 磷源饲料　鸡大宗饲料组成中，磷源饲料是最昂贵的。我国是一个磷资源相对贫乏的国家，所以解决磷源饲料十分迫切。

（1）*磷酸氢钙*　磷酸氢钙又叫磷酸二钙，实践中多简称为氢钙。优质磷酸氢钙应含磷18%以上，含钙21%以上。但产品能保证含磷17%以上，含钙20%以上就算不错。磷酸氢钙为白色粉末状，是养鸡生产中最主要磷源饲料。使用中要注意磷酸氢钙的脱氟达标问题。

（2）*骨粉*　骨粉是动物骨骼经过高温、高压、脱脂、脱胶后粉碎而成。优质骨粉含磷量为16%、含钙量为36%。磷钙含量丰富并且比例适宜，是较好的磷源（钙源）饲料。但骨粉因加工工艺不同，含磷量不同，低者仅10%左右，特别有的骨粉加工工艺不合理，常带有大量病原菌，使用后引起产蛋下降，甚至鸡只死亡。为防止沙门氏菌污染问题，建议在无公害蛋鸡饲养中，尽量不使用骨粉作为磷源饲料。

（3）*其他磷源饲料*　磷酸一钙为白色结晶粉末，好的产品含磷20%以上。磷酸三钙为白色粉末状，含磷在15%～18%。使用时都要注意脱氟达标问题。

3. 食盐　食盐学名为氯化钠，在植物性饲料中大都缺乏氯与钠，所以在鸡饲料中要补充食盐。一般日粮中可添加0.37%的食盐，但鸡群发生啄癖后（啄肛、啄羽等），可短期内（1～3天）将食盐用量增至0.5%～1%。如果使用国产鱼粉配合日粮，要对鱼粉中含盐量进行化验后再决定用量，以防发生食盐中毒。鸡对饲料中含盐量变化敏感，有时含盐量增高后虽不至于使鸡只食盐中毒，但也会导致产蛋量下降。

三、允许使用的饲料添加剂

（一）维生素添加剂

为保证维生素添加剂的活性成分和便于在配合饲料中添加，

维生素添加剂除活性成分外，还有载体、稀释剂、吸附剂及其他化合物。鸡常用的维生素添加剂共14种，它们分别是：

1. 维生素A添加剂 维生素A的单位是国际单位（IU）1IU＝0.344微克维生素A乙酸酯。常见的维生素A添加剂多是维生素A乙酸酯，含维生素A为50万国际单位/克。为黄色至灰黄色微粒，遇空气、热、光、潮湿易分解。细度为100%通过20目筛，通过40目筛大于90%，通过100目筛少于15%。干燥失重小于8%，原包装商品可存放半年。

2. 维生素D_3添加剂 维生素D_3的单位是国际单位（IU）1IU＝0.025微克晶体维生素D_3。商品维生素D_3添加剂为了稳定进行过处理，大多含维生素D_3为50万国际单位/克。为褐色微粒，遇空气、热、光、潮湿易分解。细度为通过80目筛大于95%。干燥失重小于5%，原包装商品可存放一年。

3. 维生素E添加剂 维生素E的单位是国际单位或毫克1IU＝1毫克DL-α-生育酚乙酸酯。商品维生素E添加剂为了稳定进行过处理，大多含维生素E乙酸酯量为50%。是白色或淡黄色粉末，遇光和潮湿不稳定。细度为100%通过140目筛。干燥失重小于5%。原包装商品可存放一年。

4. 维生素K_3添加剂 维生素K_3的单位为毫克，以甲萘醌计算。商品维生素K_3添加剂是亚硫酸氢钠甲萘醌，含甲萘醌高于51%。是白色或褐色粉末，有吸湿性，遇光、热和潮湿易分解。原包装商品可存放一年。在天然饲料中维生素K_1是脂溶性，但人工合成的维生素K_3却是水溶性，所以科学讲既有脂溶性维生素K，也有水溶性维生素K，就饲料添加剂而言，应将维生素K算作水溶性维生素。

5. 维生素B_1添加剂 维生素B_1的单位为毫克。维生素B_1添加剂的商品形式有两种，所含活性成分据标示而定。当同时添加胆碱时，应使用单硝酸维生素B_1添加剂。

（1）盐酸维生素B_1 为白色粉末，微带臭味，易吸收水分。

易溶于水中，重金属含量应小于20毫克/千克。盐酸维生素B_1对空气稳定，原包装商品可存放一年。

(2) 单硝酸维生素B_1　为白色或黄色粉末，有微弱特臭味。略溶于水中，重金属含量应小于20毫克/千克。干燥失重小于1%。原包装商品可存放一年。

6. 维生素B_2添加剂　维生素B_2的单位是毫克，活性成分据商品标示而定。维生素B_2添加剂为黄色或橙黄色粉末，有微臭，在水中微溶。干燥失重小于1%。对光稳定，原包装商品可存放一年。

7. 烟酸添加剂　烟酸的单位是毫克。烟酸添加剂的商品形式有两种，两者的活性相同，活性成分根据商品标示而定。

(1) 烟酸添加剂　为白色至微黄色粉末，略溶于水。干燥失重小于0.5%。烟酸稳定性好，原包装商品可存放一年。

(2) 烟酰胺添加剂　为白色至微黄色粉末，易溶于水。干燥失重小于0.5%，对光、热稳定性好，原包装商品可存放一年。但烟酰胺有吸潮性，常温下易结块，使用时要注意。

8. 泛酸添加剂　纯泛酸不稳定，多利用泛酸的盐类，因泛酸钙吸湿性低于泛酸钠，故饲料中绝大多数都用泛酸钙形式添加。泛酸的单位是毫克，1毫克右旋泛酸＝1.087毫克右旋泛酸钙，活性成分据商品标示而定。右旋（D）泛酸钙为白色粉末，易溶于水。干燥失重小于5%，对空气和光稳定，但易受潮破坏，原包装商品可存放一年。使用时要注意酸性添加剂（烟酸等）对其的破坏作用。

9. 维生素B_6添加剂　维生素B_6添加剂是盐酸吡哆醇，单位是毫克，活性成分据商品标示而定。本品为白色至微黄色结晶粉末，易溶于水，干燥失重小于0.1%。对空气和热较稳定，但易受光与潮湿的破坏。原包装商品可存放一年。

10. 叶酸添加剂　叶酸由于有黏性，所以必须稀释后低浓度使用，有时叶酸添加剂活性成分仅有3%～4%。叶酸单位是毫克。叶酸添加剂为黄色粉末不溶于水。干燥失重小于8.5%。本品对空气稳定，但易受光与潮湿的破坏。原包装商品可存放一年。

11. 维生素 B_{12} 添加剂 维生素 B_{12} 因在饲料中添加量极少，单位以微克（或毫克）计算，商品形式的维生素 B_{12} 添加剂有1%、2%、0.1%等剂型。颜色为红褐色。干燥失重小于5%，对空气与潮湿稳定，但易被光破坏。原包装商品可存放一年。

12. 胆碱添加剂 胆碱添加剂采用氯化胆碱形式添加，它的单位是毫克，1毫克胆碱=1.15毫克氯化胆碱，氯化胆碱有含量75%的胶状物和含量50%的粉末。在使用胆碱时要注意胆碱极易吸潮结块，还有它对其他活性成分的破坏作用。一般经贮存再使用的维生素预混剂中，都不加入胆碱，只是在使用时再添加。

13. 生物素添加剂 生物素添加剂由于在饲料中添加量小，也同维生素 B_{12} 样。单位以微克（或毫克）计算，并且商品形式多制成2%生物素预混剂。本品为白色或淡黄色粉末，完全溶于水。干燥失重小于4%。对空气稳定，易被光与高温破坏。原包装商品可存放一年。

14. 维生素C添加剂 维生素C添加剂是在鸡群受应激条件下添加的添加剂，单位为毫克。维生素C不稳定，商品维生素C添加剂都要经过包被处理，所含有效成分应据商品标示而定。商品维生素C添加剂为白色至淡黄色粉末，易溶于水。干燥失重小于0.1%。对空气稳定，但易受热破坏，特别易受潮湿的破坏。原包装商品可存放一年。

（二）矿物质添加剂

矿物质添加剂全称是矿物质微量元素添加剂，它与矿物质饲料是两个不同的范畴，添加前者是为满足鸡只对矿物质微量元素的需求，添加后者则是满足鸡只对矿物质常量元素的需求。在鸡的日粮中维生素添加剂中有 B_{12} 添加，所以不需要再加入钴。鸡所需要添加的矿物质微量元素共6种，即铁、铜、锰、锌、碘和硒。但鸡只并不是单纯需要这6种元素单质，而是含有这6种元素的化合物，因为这涉及可利用性问题。通常是硫酸盐类、碳酸盐类、氧化物与氯化物，但特例的是亚硒酸钠与碘酸钙。

在选择各种微量元素添加剂时，要考虑生物利用率、稳定性和重金属含量。近些年来，有些单位开发了金属元素酵母、金属蛋白盐、金属氨基酸螯合物、有机酸金属螯合盐等一类有机微量元素饲料原料，但存在的共性问题是生产成本高，尽管在畜牧生产中使用效果很好，目前条件下，无法大量推广使用。有一点应注意的是所谓的“复合氨基酸螯合金属盐”一类物质，存在着螯合程度低，组分不严格，酸性条件下解离度高等一系列问题，与无机微量元素的生物利用率对比差异并不显著。

1. 铁　作为鸡只营养性铁源的化合物有两种，即七水硫酸亚铁（绿矾）与一水硫酸亚铁。鸡对两者的生物利用率都是100%，按分子式计算，前者含铁20.1%，后者含铁32.9%。七水硫酸亚铁是天蓝色或绿色结晶，加热64.4℃后转为一水物，300℃时成为无水物。在干燥空气中易风化，在潮湿空气中易氧化成棕黄色碱式硫酸铁，国标的七水硫酸亚铁应含铁最少19.68%以上。

2. 铜　作为鸡只营养性铜源的化合物有三种，即五水硫酸铜（蓝矾）、氧化铜和碳酸铜，但最常用的还是硫酸铜。三种铜的生物利用率硫酸铜要优于后两者。按分子式计算五水硫酸铜应含铜25.5%，国标规定应不少于25%以上。由于五水硫酸铜有毒，使用时要避免与眼和皮肤接触及吸入体内。长期贮存硫酸铜易产生结块现象。

3. 锰　作为鸡只营养性锰源的化合物有三种，即一水硫酸锰（硫酸亚锰）、碳酸锰和氧化锰，三种锰的生物利用率相比，硫酸锰要优于后两者。按分子式计算，一水硫酸锰应含锰32.5%，国标规定应不少于31.8%以上。本品为白色带粉红色的粉末状结晶，易溶于水，通过在水中溶解性的高低可简易判定出硫酸锰的品质优劣。在高温高湿环境下，硫酸锰长期贮存易结块。

4. 锌 作为鸡只营养性锌源的化合物有两种，即七水硫酸锌（锌矾）与氧化锌，两者的生物利用率相仿，但按分子式计算前者含锌22.75%，后者含锌80.3%。国标规定前者含锌应不低于22.5%，后者在70%～80%之间。硫酸锌为白色结晶粉末，在干燥空气中易风化。氧化锌为白色至绿色或黑色粉末，应存放在干燥地方。

5. 碘 作为鸡只营养性碘源的化合物有四种，即碘酸钙、碘化钾、碘化钠及乙二胺二氢碘酸（EDDI)。虽然碘化钾与碘化钠生物利用率好，但它本身不稳定，碘酸钙生物利用率好且性质稳定。按分子式计算碘酸钙含有65.1%的碘，但商品碘酸钙的碘含量在60%～65%之间。乙二胺二氢碘酸含碘在79%～80%。在使用碘源饲料添加剂时要避免释放出游离碘，不要在高温高湿条件下装卸与混合。

6. 硒 作为鸡只营养性硒源的化合物有三种，即亚硒酸钠、硒酸钠和酵母硒。如果亚硒酸钠的生物利用率为100%，则硒酸钠相应为58%～89%，并且按分子式计算亚硒酸钠含硒为45.6%，而硒酸钠则为41.77%。所以，实际上多采用亚硒酸钠作为硒源添加剂。亚硒酸钠属剧毒物品，使用中要确保安全。亚硒酸钠外观是白色到粉红色细粉，易溶于水。国标亚硒酸钠含硒应不低于44.7%。使用亚硒酸钠的人员必须熟知它剧毒、腐蚀、亲水的特性。酵母硒属于有机硒，使用效果好，但价格偏高。

（三）氨基酸添加剂

各种饲料原料的蛋白质组成不同，氨基酸平衡性很差；尽管人们由不同种类原料，采用不同配比配制出了全价配合料，但氨基酸的平衡性还是不好掌握。最好的方式是采用氨基酸添加剂来平衡氨基酸以满足鸡只需要。某些情况下，添加氨基酸添加剂是平衡饲料配方中氨基酸的最佳选择。蛋鸡饲料中最常用的氨基酸添加剂是蛋氨酸添加剂和赖氨酸添加剂，还有不常用的色氨酸添加剂与苏氨酸添加剂。

1. 蛋氨酸添加剂（DL-蛋氨酸）　蛋氨酸具有稳定性的同分异构体，根据旋光性质分 D 型与 L 型两种。一般氨基酸右旋体（D-体）在生物化学方面是无效的，但蛋氨酸是个特例，由于生物体内存在一种能使 D-体转变为 L-体的酶，使得 D-型蛋氨酸具有与 L-型蛋氨酸相同的生物学活性，所以在蛋氨酸添加剂生产工艺中，不要求把 D-型蛋氨酸转化成 L-型蛋氨酸，所生产出来的产品称为 DL-型蛋氨酸，是 L-型与 D-型混合的外消旋化合物。它是白色片状或粉末状结晶体，在手中有一种特滑的感觉，易溶于水，有特殊的气味。我国规定进口蛋氨酸含量应为 98.5%以上，水分小于 0.5%。蛋氨酸代谢能值很高，为 21 兆焦/千克，并且稳定性很好。一般情况下根据饲料配方中的含量与需要量间的差额决定添加量，多数情况下是占日粮组成的 0.05%～0.11%之间，添加量过多反而有害。一般认为，在日粮中添加 0.11%蛋氨酸，可以提高日粮蛋白质利用率 2%～3%，有人估算，每添加 1 千吨蛋氨酸，可节约 10 万吨配合饲料。

蛋氨酸羟基类似物（MHA）是深褐色黏稠状液态物，亦称为液态羟基蛋氨酸。蛋氨酸羟基类似物本身并不含有氨基，但在鸡体内酶的作用下可以转化成蛋氨酸，其效价是：

1.2 克的蛋氨酸羟基类似物＝1.0 克的 DL-蛋氨酸

蛋氨酸羟基类似物钙盐（MHA-Ca）是浅褐色粉末或颗粒，有特殊的臭味。本身也不含有氨基，但在鸡体内酶的作用下可转化成蛋氨酸，其效价为蛋氨酸的 40%～100%，由于实验条件不同结果变化很大，多数条件下取 70%～80%。

由于蛋氨酸售价较高，有不法分子在兜售的所谓“进口”蛋氨酸中掺入了淀粉、葡萄糖粉、石粉等，有时真正蛋氨酸含量连

50%都不到。从感观上假蛋氨酸为黄色或灰色，闪光的结晶少，有怪味，手感发涩。通过灼烧试验的残渣也可辨别真伪，取1克蛋氨酸放入坩埚，在电炉上炭化，然后在550℃的茂福炉中灼烧1小时，真蛋氨酸残渣在1.5%以下，而假蛋氨酸的残渣很多。还可以通过溶解度来判定，取1个250毫升的烧杯，加入50毫升的蒸馏水，再放入1克蛋氨酸，轻轻搅拌，真蛋氨酸几乎全部溶于水，而假蛋氨酸溶解度很差。

2. 赖氨酸添加剂（L-赖氨酸盐酸盐） 商品赖氨酸添加剂标明的纯度为98%，是指L-赖氨酸盐酸盐的含量，扣除盐酸根后，L-赖氨酸的含量仅78%左右，所以在使用时要以78%的含量来计算。L-赖氨酸盐酸盐生产方法有生物发酵法与化学合成—酶法两种。L-赖氨酸为白色或淡褐色粉末，易溶于水，L赖氨酸盐酸盐通常含氮15.3%，折算为粗蛋白是95.8%，含代谢能为16.7兆焦/千克。国内已有数家工厂用发酵法生产饲料级L-赖氨酸盐酸盐，国产的赖氨酸基本上可以满足国内饲料工业生产的需要。

3. 色氨酸添加剂 商品色氨酸添加剂为白色或近白色结晶，有特殊气味，代谢能值高达23.9兆焦/千克。由于目前商品生产色氨酸的成本太高，全世界每年使用量有限，将来随生产工艺改进，成本下降，其用量将会大幅升高。现日本与德国生产。

4. 苏氨酸添加剂 商品苏氨酸添加剂为无色或黄色晶体，有极弱的特殊气味，水中溶解性不是太好，代谢能值为14.6兆焦/千克。苏氨酸生产方法有蛋白质水解法，糖、氨发酵法，化学合成—酶法三种。现日本与德国生产。

（四）其他类添加剂

除三大类饲料（蛋白质饲料、能量饲料、矿物质饲料）和三大类添加剂（维生素添加剂、矿物质微量元素添加剂、氨基酸添加剂）外，在鸡日粮配合中还要加入其他类添加剂，这些添加剂五花八门、种类繁多，但主要目的只有两点，促进鸡只生长与保证或提高饲料质量。

促进鸡只生长的办法多种多样，让鸡只多吃快长是一种办法，提高饲料利用率也是一种途径，让鸡只不生病或少生病也是在促进鸡只生长。最常见的办法是在饲料中添加抗生素类饲料添加剂，还有人在饲料中添加酶类或激素类饲料添加剂，也有人在饲料中加保健驱虫性药物添加剂。

1. 抗生素类饲料添加剂　在饲料中使用抗生素类饲料添加剂，应用时间长，使用范围广，但目前争论也最大。但不可否认的事实是，使用抗生素类饲料添加剂后，能有效防治细菌性疾病和促进动物快速生长。因为，抗生素对某些致病菌有抑制和杀菌作用，可提高鸡只抗病力。抗生素还可调整鸡只肠道内微生物区系平衡，抑制不利微生物，刺激有益菌，减少营养物质损失。使用抗生素类饲料添加剂后，可使鸡只肠管壁变薄，肠道蠕动减缓，提高营养物质的消化吸收率；还使鸡只增进食欲，促进发育。

有利必有弊，应用抗生素类饲料添加剂，长期使用某一种抗生素制剂后，细菌会产生耐药性，有可能形成耐药致病菌株，对人类健康也是一个威胁。再一个问题是抗生素在产品中的残留问题。所以在使用中，我们要选择畜禽专用抗生素，选择那些吸收差、残留少、不产生抗药性的产品。要严格控制使用剂量，认真执行停药期的要求。

在蛋鸡最常见抗生素类饲料添加剂是属于多肽类的杆菌肽锌，它的作用机理是抑制细菌细胞壁的合成，阻碍菌体脱磷酸化作用；并与细胞浆膜结合，导致菌体内各种离子流失。我国规定在鸡饲料中每吨添加 6～20 克（相当 16.8 万～48 万效价单位），没有停药期要求。

2. 酶类和激素类饲料添加剂　酶是动物、植物机体合成的具有特殊功能的蛋白质，这种蛋白质对机体内生化反应的催化作用、新陈代谢等生命活动起决定作用。在鸡饲料中添加的酶类主要属消化性酶类，以提高营养物质的消化率。福美多（fermacto）是由曲霉属菌和链霉菌发酵后的可溶性干燥提取物与可溶性玉米酒糟、玉米发酵浓缩提取物及干乳清混合而成，在每吨鸡饲料中添加1～7.5千克。八宝威（kemzyme）是一种干粉型酶制剂，用糖衣将酶包在保护层内，在肠道将酶释放出来，起促进养分消化吸收作用，在每吨鸡饲料中添加0.5～1.0千克。植酸酶的作用在前面已经说明过。

激素是动物内分泌器官分泌出的一种化学物质，它可以影响机体的机能活动并起到调整机体各部分的作用。由于激素的作用机理与一般饲料添加剂相差甚远，所以人们对使用激素的安全性问题一直存有争议。在牛、羊饲料中有人使用激素，鸡的饲料中很少有人使用此类饲料添加剂，在无公害蛋鸡生产中不允许添加激素。

3. 保健驱虫类饲料添加剂 对这类添加剂要求应是广谱高效、安全无毒、适口性好及体内残留量低。驱蠕虫、线虫类有各种咪唑类（四咪唑、左咪唑等）；驱蠕虫、吸虫类的硝氯酚等；驱蠕虫、绦虫类的别丁等。还有属于氨基酸糖苷类抗生素的越霉素与潮霉素等。球虫病对养鸡业造成的损失最大，对蛋鸡业影响虽不如肉鸡业那样明显，但散养鸡由于可以自由接触地面和粪便，在防治球虫方面稍有疏忽，也将酿成大错。球虫的卵囊生命力强，普通消毒药、有机磷杀虫剂、强酸和强氧化剂都不能杀死它；并且球虫卵囊重量轻、易黏附，所以球虫病传染力极强。应采用轮换式与穿梭式结合给药方式进行防制，饲料生产者与养殖者根据不同饲养条件选用合适的抗球虫药，主要添加剂有聚醚类的抗生素如莫能霉素、马杜拉霉素等；抗硫胺类的氨比啉等。

4. 提高饲料质量的添加剂 饲料加工后保存时间过长，饲料质量将下降，主要是因为饲料中不饱和脂肪酸、脂溶性维生素等因氧化而变质或失效；或由于微生物霉菌繁殖引起饲料霉变，

所以饲料中需加抗氧化剂与防腐剂。有时为增加产品的色泽和美观性，需加入着色剂等，也属于为提高饲料质量而添加。

（1）抗氧化剂　抗氧化剂是一类自身易氧化的化合物，在饲料添加后可阻止或减少养分的氧化，主要应用的有二丁基羟基甲苯（BHT），每吨饲料添加 150 克；丁羟基茴香醚（BHA），每吨饲料添加 150 克。因后者价格贵，在动物饲料中主要使用前者。

（2）防腐剂　防腐剂主要作用是抑制霉菌代谢和生长，抑制毒素的产生，防止贮存期间营养的损失。主要防腐剂是丙酸或其盐类，也有采用有机酸及其盐类的，使用丙酸或其盐类可按 0.15％～0.25％添加，当饲料水分含量高时应加大添加量。

（3）着色剂　蛋黄的橘黄颜色一直受到消费者欢迎。有人以蛋黄颜色的深浅来评价鸡蛋的营养价值，这是一种毫无根据的牵强附会，其实蛋黄的颜色与饲料中叶黄素含量有关。在鸡饲料中添加着色剂可加深蛋黄颜色。天然植物中，苜蓿叶粉与玉米蛋白粉和干红辣椒粉中都含有较高的叶黄素与胡萝卜素。合成类着色剂主要是胡萝卜素衍生物。

（4）防结块剂（流散剂）　加入防结块剂后，可吸附饲料添加剂中水分，增加饲料流动性，改善饲料混合均匀度，使用较多是二氧化硅、硬脂酸钙、硅酸镁、硅酸铝钠等，其用量不应超出成品总量的 2％，通常在添加剂与预混剂的生产中使用，生产全价饲料时不使用。

（5）其他添加剂　有颗粒黏结剂、吸附剂、防尘剂、防湿剂等。如颗粒黏结剂有膨润土和膨润土钠。

（五）无公害蛋鸡生产中允许使用的饲料添加剂汇总

农业部为加强饲料添加剂的管理，保证养殖产品质量安全，促进饲料工业持续健康发展，根据《饲料和饲料添加剂管理条例》的有关规定，于 2009 年 1 月 20 日公布第 1126 号公告《饲料添加剂品种目录（2008）》[以下简称《目录（2008）》]。

《目录（2008）》由两部分组成。凡生产、经营和使用的营养性饲料添加剂及一般饲料添加剂均应属于表 6-4《目录（2008）》中规定的品种，饲料添加剂的生产企业应办理生产许可证和产品批准文号。表 6-5 是保护期内的新饲料和新饲料添加剂品种，仅允许所列申请单位或其授权的单位生产。禁止《目录（2008）》外的物质作为饲料添加剂使用。凡生产《目录（2008）》外的饲料添加剂，应按照《新饲料和新饲料添加剂管理办法》的有关规定，申请并获得新产品证书后方可生产和使用。同时 2006 年 5 月 31 日农业部发布的《饲料添加剂品种目录（2006）》（农业部公告第 658 号）即日起废止。

表 6-4　饲料添加剂品种目录（2008）

类别	通用名称	适用范围
氨基酸	L-赖氨酸、L-赖氨酸盐酸盐、L-赖氨酸硫酸盐及其发酵副产物（产自谷氨酸棒杆菌，L-赖氨酸含量不低于 51%）、DL-蛋氨酸、L-苏氨酸、L-色氨酸、L-精氨酸、甘氨酸、L-酪氨酸、L-丙氨酸、天（门）冬氨酸、L-亮氨酸、异亮氨酸、L-脯氨酸、苯丙氨酸、丝氨酸、L-半胱氨酸、L-组氨酸、缬氨酸、胱氨酸、牛磺酸	养殖动物
	蛋氨酸羟基类似物、蛋氨酸羟基类似物钙盐	猪、鸡和牛
	N-羟甲基蛋氨酸钙	反刍动物
维生素	维生素 A、维生素 A 乙酸酯、维生素 A 棕榈酸酯、β-胡萝卜素、盐酸硫胺（维生素 B_1）、硝酸硫胺（维生素 B_1）、核黄素（维生素 B_2）、盐酸吡哆醇（维生素 B_6）、氰钴胺（维生素 B_{12}）、L-抗坏血酸（维生素 C）、L-抗坏血酸钙、L-抗坏血酸钠、L-抗坏血酸-2-磷酸酯、L-抗坏血酸-6-棕榈酸酯、维生素 D_2、维生素 D_3、α-生育酚（维生素 E）、α-生育酚乙酸酯、亚硫酸氢钠甲萘醌（维生素 K_3）、二甲基嘧啶醇亚硫酸甲萘醌、亚硫酸氢烟酰胺甲萘醌、烟酸、烟酰胺、D-泛酸、D-泛酸钙、DL-泛酸钙、叶酸、D-生物素、氯化胆碱、肌醇、L-肉碱、L-肉碱盐酸盐	养殖动物

（续）

<table>
<tr><th>类别</th><th>通用名称</th><th>适用范围</th></tr>
<tr><td rowspan="6">矿物元素及其络（螯）合物[1]</td><td>氯化钠、硫酸钠、磷酸二氢钠、磷酸氢二钠、磷酸二氢钾、磷酸氢二钾、轻质碳酸钙、氯化钙、磷酸氢钙、磷酸二氢钙、磷酸三钙、乳酸钙、硫酸镁、氧化镁、氯化镁、柠檬酸亚铁、富马酸亚铁、乳酸亚铁、硫酸亚铁、氯化亚铁、氯化铁、碳酸亚铁、氯化铜、硫酸铜、氧化锌、氯化锌、碳酸锌、硫酸锌、乙酸锌、氯化锰、氧化锰、硫酸锰、碳酸锰、磷酸氢锰、碘化钾、碘化钠、碘酸钾、碘酸钙、氯化钴、乙酸钴、硫酸钴、亚硒酸钠、钼酸钠、蛋氨酸铜络（螯）合物、蛋氨酸铁络（螯）合物、蛋氨酸锰络（螯）合物、蛋氨酸锌络（螯）合物、赖氨酸铜络（螯）合物、赖氨酸锌络（螯）合物、甘氨酸铜络（螯）合物、甘氨酸铁络（螯）合物、酵母铜*、酵母铁*、酵母锰*、酵母硒*、蛋白铜*、蛋白铁*、蛋白锌*</td><td>养殖动物</td></tr>
<tr><td>烟酸铬、酵母铬*、蛋氨酸铬*、吡啶甲酸铬</td><td>生长肥育猪</td></tr>
<tr><td>丙酸铬*</td><td>猪</td></tr>
<tr><td>丙酸锌*</td><td>猪、牛和家禽</td></tr>
<tr><td>硫酸钾、三氧化二铁、碳酸钴、氧化铜</td><td>反刍动物</td></tr>
<tr><td>稀土（铈和镧）壳糖胺螯合盐</td><td>畜禽、鱼和虾</td></tr>
<tr><td rowspan="3">酶制剂[2]</td><td>淀粉酶（产自黑曲霉、解淀粉芽孢杆菌、地衣芽孢杆菌、枯草芽孢杆菌、长柄木霉*、米曲霉*）
支链淀粉酶（产自酸解支链淀粉芽孢杆菌）</td><td>青贮玉米、玉米、玉米蛋白粉、豆粕、小麦、次粉、大麦、高粱、燕麦、豌豆、木薯、小米、大米</td></tr>
<tr><td>α-半乳糖苷酶（产自黑曲霉）</td><td>豆粕</td></tr>
<tr><td>纤维素酶（产自长柄木霉）</td><td>玉米、大麦、小麦、麦麸、黑麦、高粱</td></tr>
</table>

（续）

类别	通用名称	适用范围
酶制剂[2]	β-葡聚糖酶（产自黑曲霉、枯草芽孢杆菌、长柄木霉、绳状青霉*）	小麦、大麦、菜子粕、小麦副产物、去壳燕麦、黑麦、黑小麦、高粱
	葡萄糖氧化酶（产自特异青霉）	葡萄糖
	脂肪酶（产自黑曲霉）	动物或植物源性油脂或脂肪
	麦芽糖酶（产自枯草芽孢杆菌）	麦芽糖
	甘露聚糖酶（产自迟缓芽孢杆菌）	玉米、豆粕、椰子粕
	果胶酶（产自黑曲霉）	玉米、小麦
	植酸酶（产自黑曲霉、米曲霉）	玉米、豆粕、葵花籽粕、玉米糁渣、木薯、植物副产物
	蛋白酶（产自黑曲霉、米曲霉、枯草芽孢杆菌、长柄木霉*）	植物和动物蛋白
	木聚糖酶（产自米曲霉、孤独腐质霉、长柄木霉、枯草芽孢杆菌、绳状青霉*）	玉米、大麦、黑麦、小麦、高粱、黑小麦、燕麦
微生物	地衣芽孢杆菌*、枯草芽孢杆菌、两歧双歧杆菌*、粪肠球菌、屎肠球菌、乳酸肠球菌、嗜酸乳杆菌、干酪乳杆菌、乳酸乳杆菌*、植物乳杆菌、乳酸片球菌、戊糖片球菌*、产朊假丝酵母、酿酒酵母、沼泽红假单胞菌	养殖动物
	保加利亚乳杆菌	猪、鸡和青贮饲料

（续）

类 别	通 用 名 称	适用范围
非蛋白氮	尿素、碳酸氢铵、硫酸铵、液氨、磷酸二氢铵、磷酸氢二铵、缩二脲、异丁叉二脲、磷酸脲	反刍动物
抗氧化剂	乙氧基喹啉、丁基羟基茴香醚（BHA）、二丁基羟基甲苯（BHT）、没食子酸丙酯	养殖动物
防腐剂、防霉剂和酸度调节剂	甲酸、甲酸铵、甲酸钙、乙酸、双乙酸钠、丙酸、丙酸铵、丙酸钠、丙酸钙、丁酸、丁酸钠、乳酸、苯甲酸、苯甲酸钠、山梨酸、山梨酸钠、山梨酸钾、富马酸、柠檬酸、柠檬酸钾、柠檬酸钠、柠檬酸钙、酒石酸、苹果酸、磷酸、氢氧化钠、碳酸氢钠、氯化钾、碳酸钠	养殖动物
着色剂	β-胡萝卜素、辣椒红、β-阿朴-8′-胡萝卜素醛、β-阿朴-8′-胡萝卜素酸乙酯、β，β-胡萝卜素-4，4-二酮（斑蝥黄）、叶黄素、天然叶黄素（源自万寿菊）	家禽
	虾青素	水产动物
调味剂和香料	糖精钠、谷氨酸钠、5′-肌苷酸二钠、5′-鸟苷酸二钠、食品用香料[3]	养殖动物
黏结剂、抗结块剂和稳定剂	α-淀粉、三氧化二铝、可食脂肪酸钙盐、可食用脂肪酸单/双甘油酯、硅酸钙、硅铝酸钠、硫酸钙、硬脂酸钙、甘油脂肪酸酯、聚丙烯酸树脂Ⅱ、山梨醇酐单硬脂酸酯、聚氧乙烯 20 山梨醇酐单油酸酯、丙二醇、二氧化硅、卵磷脂、海藻酸钠、海藻酸钾、海藻酸铵、琼脂、瓜尔胶、阿拉伯树胶、黄原胶、甘露糖醇、木质素磺酸盐、羧甲基纤维素钠、聚丙烯酸钠*、山梨醇酐脂肪酸酯、蔗糖脂肪酸酯、焦磷酸二钠、单硬脂酸甘油酯	养殖动物
	丙三醇	猪、鸡和鱼
	硬脂酸*	猪、牛和家禽
多糖和寡糖	低聚木糖（木寡糖）	蛋鸡和水产养殖动物
	低聚壳聚糖	猪、鸡和水产养殖动物
	半乳甘露寡糖	猪、肉鸡、兔和水产养殖动物
	果寡糖、甘露寡糖	养殖动物

（续）

类别	通用名称	适用范围
其他	甜菜碱、甜菜碱盐酸盐、大蒜素、山梨糖醇、大豆磷脂、天然类固醇萨洒皂角苷（源自丝兰）、二十二碳六烯酸（DHA）、啤酒酵母培养物*、啤酒酵母提取物*、啤酒酵母细胞壁*	养殖动物
	糖萜素（源自山茶籽饼）、牛至香酚*	猪和家禽
	乙酰氧肟酸	反刍动物
	半胱胺盐酸盐（仅限于包被颗粒，包被主体材料为环状糊精，半胱胺盐酸盐含量27%）	畜禽
	α-环丙氨酸	鸡

注：*为已获得进口登记证的饲料添加剂，进口或在中国境内生产带“*”的饲料添加剂时，农业部需要对其安全性、有效性和稳定性进行技术评审。

①所列物质包括无水和结晶水形态；②酶制剂的适用范围为典型底物，仅作为推荐，并不包括所有可用底物；③食品用香料见《食品添加剂使用卫生标准》（GB 2760—2007）中食品用香料名单。

表6-5　保护期内的新饲料和新饲料添加剂品种目录（2008）

序号	产品名称	申请单位	适用范围	批准时间
1	苜草素（有效成分为苜蓿多糖、苜蓿黄酮、苜蓿皂甙）	中国农业科学院畜牧研究所	仔猪、育肥猪、肉鸡	2003年12月
2	碱式氯化铜	长沙兴嘉生物工程有限公司	猪	2003年12月
3	碱式氯化铜	深圳绿环化工实业有限公司	仔猪、肉仔鸡	2004年4月
4	饲用凝结芽孢杆菌TQ33添加剂	天津新星兽药厂	肉用仔鸡、生长育肥猪	2004年5月
5	杜仲叶提取物（有效成分为绿原酸、杜仲多糖、杜仲黄酮）	张家界恒兴生物科技有限公司	生长育肥猪、鱼、虾	2004年6月
6	保得^{R}微生态制剂（侧孢芽孢杆菌）	广东东莞宏远生物工程有限公司	肉鸡、肉鸭、猪、虾	2004年6月
7	L-赖氨酸硫酸盐（产自乳糖发酵短杆菌）	长春大成生化工程开发有限公司	生长育肥猪	2004年6月

（续）

序号	产品名称	申请单位	适用范围	批准时间
8	益绿素（有效成分为淫羊藿苷）	新疆天康畜牧生物技术有限公司	鸡、猪、绵羊、奶牛	2004年9月
9	壳寡糖	北京英惠尔生物技术有限公司	仔猪、肉鸡、肉鸭、虹鳟鱼	2004年11月
10	共轭亚油酸饲料添加剂	青岛澳海生物有限公司	仔猪、蛋鸡	2005年1月
11	二甲酸钾	北京挑战农业科技有限公司	猪	2005年3月
12	β-1，3-D-葡聚糖（源自酿酒酵母）	广东智威畜牧水产有限公司	水产动物	2005年5月
13	4，7-二羟基异黄酮（大豆黄酮）	中牧实业股份有限公司	猪、产蛋家禽	2005年6月
14	乳酸锌（α-羟基丙酸锌）	四川省畜科饲料有限公司	生长育肥猪、家禽	2005年6月
15	蒲公英、陈皮、山楂、甘草复合提取物（有效成分为黄酮）	河南省金鑫饲料工业有限公司	猪、鸡	2005年6月
16	液体L-赖氨酸（L-赖氨酸含量不低于50%）	四川川化味之素有限公司	猪	2005年10月
17	壳寡糖［寡聚β-（1-4）-2-氨基-2-脱氧-D-葡萄糖］	北京格莱克生物工程技术有限公司	猪、鸡	2006年5月
18	碱式氯化锌	长沙兴嘉生物工程有限公司	仔猪	2006年5月
19	N，O-羧甲基壳聚糖	北京紫冠碧螺喜科技发展公司	猪、鸡	2006年5月
20	地顶孢霉培养物	合肥迈可罗生物工程有限公司	猪、鸡	2006年7月
21	碱式氯化铜（α-晶型）	深圳东江华瑞科技有限公司	生长育肥猪	2007年2月
22	甘氨酸锌	浙江建德市维丰饲料有限公司	猪	2007年8月
23	紫苏籽提取物粉剂（有效成分为α-亚油酸、亚麻酸、黄酮）	重庆市优胜科技发展有限公司	猪、肉鸡、鱼	2007年8月

（续）

序号	产品名称	申请单位	适用范围	批准时间
24	植物甾醇（源于大豆油/菜子油，有效成分为β-谷甾醇、菜油甾醇、豆甾醇）	江苏春之谷生物制品有限公司	家禽、生长育肥猪	2008年1月

四、药物饲料添加剂的使用与监管

（一）散放养蛋鸡生产中允许使用的药物

为加强无公害蛋鸡生产中兽药的使用管理，农业部在2006年新制定的无公害畜产品行业标准中，明确规定了无公害蛋鸡生产中兽药使用准则（NY 5030—2006）。强调对鸡群进行预防、诊断和治疗鸡病时所用的兽药必须遵守《兽药管理条例》的有关规定，应凭专业兽医开具的处方，使用经国务院兽医行政管理部门规定的兽医处方药，禁止使用国务院兽医行政管理部门规定的禁用药品。所用兽药必须来自具有《兽药生产许可证》和获得农业部颁发《中华人民共和国兽药GMP证书》的兽药生产企业；或农业部批准注册进口的兽药，其质量均应符合相关的兽药国家质量标准。在散放养蛋鸡生产中，严禁使用表6-6中规定的兽药及其他化合物。

表6-6　食品动物禁用的兽药及其他化合物清单

序号	兽药及其他化合物名称	禁止用途	禁止动物
1	β-兴奋剂类：克伦特罗 Clenbutereol、沙丁胺醇 Salbutamol、西马特罗 Clmaterol及其盐、酯及制剂	所有用途	所有食品动物
2	性激素类：己烯雌酚 Diethylstibestrol及其盐、酯及制剂	所有用途	所有食品动物

（续）

序号	兽药及其他化合物名称	禁止用途	禁止动物
3	具有雌激素样作用的物质：玉米赤霉醇 Zeranol、去甲雄三烯醇酮 Trenbolone、醋酸甲孕酮 Mengestrol, Acetate 及制剂	所有用途	所有食品动物
4	氯霉素 Chloramphenicol 及其盐、酯（包括：琥珀氯霉素 Chloramphenicol Succinate）及制剂	所有用途	所有食品动物
5	氨苯砜 Dapsone 及制剂	所有用途	所有食品动物
6	硝基呋喃类：呋喃唑酮 Furazolidone、呋喃它酮 Furaltadone、呋喃苯烯酸钠 Nifurstyrenate sodium 及制剂	所有用途	所有食品动物
7	硝基化合物：硝基酚钠 Sodium nitrophenolate、硝呋烯腙 Nitrovin 及制剂	所有用途	所有食品动物
8	催眠、镇静类：安眠酮 Methaqualone 及制剂	所有用途	所有食品动物
9	林丹（丙体六六六）Lindane	杀虫剂	水生食品动物
10	毒杀芬（氯化烯）Camahechlor	杀虫剂、清塘剂	水生食品动物
11	呋喃丹（克百威）Carbofuran	杀虫剂	水生食品动物
12	杀虫脒（克死螨）Chlordimeform	杀虫剂	水生食品动物
13	双甲脒 Amitraz	杀虫剂	水生食品动物
14	酒石酸锑钾 Antimonypotassiumtartrate	杀虫剂	水生食品动物
15	锥虫胂胺 Tryparsamide	杀虫剂	水生食品动物
16	孔雀石绿 Malachitegreen	抗菌、杀虫剂	水生食品动物
17	五氯酚酸钠 Pentachlorophenosodium	杀螺剂	水生食品动物
18	各种汞制剂，包括：氯化亚汞（甘汞）Calomel、硝酸亚汞 Mercurous nitrate、醋酸汞 Mercurous acetate、吡啶基醋酸二醇 Pycidyl mercurous acetate	杀虫剂	动物
19	性激素类：甲基睾丸酮 Methyltesterone、丙酸睾酮 Testoterone Propionate、苯丙酸诺龙 Nandrolone Phenyl propionate、苯甲酸雌二醇 Estradiol Benzoate 及其盐、酯及制剂	促生长	所有食品动物

（续）

序号	兽药及其他化合物名称	禁止用途	禁止动物
20	催眠、镇静类：氯丙嗪 Chlorpromazine、地西泮（安定）Diazepam 及其盐、酯及制剂	促生长	所有食品动物
21	硝基咪唑类：甲硝唑 Metronidazole、地美硝唑 Dimetronidazole 及其盐、酯及制剂	促生长	所有食品动物

注：食品动物是指各种供人食用或产品供人食用的动物。

散养蛋鸡饲养者在使用饲料药物添加剂时应符合农业部《饲料药物添加剂使用规范》的规定，表 6－7 是饲料药物添加剂使用规范中有关蛋鸡的内容，严禁将原料药直接添加到饲料及鸡的饮水中，或直接对鸡饲喂原料药。

表 6－7　蛋鸡饲料药物添加剂使用规范

品　名	含量与规格	用　途	用法与用量	注意事项
二硝托胺预混剂	每1 000g 中含二硝托胺 250g	用于鸡球虫病	混饲。每1 000kg 饲料添加本品 500g	蛋鸡产蛋期禁用；休药期 3 天
马杜霉素铵预混剂	每1 000g 中含马杜霉素铵 10g	用于鸡球虫病	混饲。每1 000kg 饲料添加本品 500g	蛋鸡产蛋期禁用；休药期 5 天
尼卡巴嗪预混剂	每1 000g 中含尼卡巴嗪 200g	用于鸡球虫病	混饲。每1 000kg 饲料添加本品 100～125g	蛋鸡产蛋期禁用；高温季节慎用；休药期 4 天
尼卡巴嗪、乙氧酰胺苯甲酯预混剂	每1 000g 中含尼卡巴嗪 250g 和乙氧酰胺苯甲酯 16g	用于鸡球虫病	混饲。每1 000kg 饲料添加本品 500g	蛋鸡产蛋期和种鸡禁用；高温季节慎用；休药期 9 天
甲基盐霉素预混剂	每1 000g 中含甲基盐霉素 100g	用于鸡球虫病	混饲。每1 000kg 饲料添加本品 600～800g	蛋鸡产蛋期禁用；禁止与泰妙菌素、竹桃霉素并用；防止与人眼接触；休药期 5 天
甲基盐霉素、尼卡巴嗪预混剂	每1 000g 中含甲基盐霉素 80g 和尼卡巴嗪 80g	用于鸡球虫病	混饲。每1 000kg 饲料添加本品 310～560g	蛋鸡产蛋期禁用；禁止与泰妙菌秦、竹桃霉素并用；高温季节慎用；休药期 5 天

（续）

品　名	含量与规格	用　途	用法与用量	注意事项
拉沙洛西钠预混剂	每1 000g中含拉沙洛西钠150g或450g	用于鸡球虫病	混饲。每1 000kg饲料添加75～125g（以有效成分计）	休药期3天
氢溴酸常山酮预混剂	每1 000g中含氢溴酸常山酮6g	用于防治鸡球虫病	混饲。每1 000kg饲料添加本品500g	蛋鸡产蛋期禁用；休药期5天
盐酸氯苯胍预混剂	每1 000g中含盐酸氯苯胍100g	用于鸡球虫病	混饲。每1 000kg饲料添加本品300～600g	蛋鸡产蛋期禁用；休药期鸡5天
盐酸氨丙啉、乙氧酰胺苯甲酯预混剂	每1 000g中含盐酸氨丙啉250g和乙氧酰胺苯甲酯16g	用于鸡球虫病	混饲。每1 000kg饲料添加本品500g	蛋鸡产蛋期禁用；每1 000kg饲料中维生素B_1大于10g时明显拮抗；休药期3天
盐酸氨丙啉、乙氧酰胺苯甲酯、磺胺喹噁啉预混剂	每1 000g中含盐酸氨丙啉200g、乙氧酰胺苯甲酯10g和磺胺喹噁啉120g	用于鸡球虫病	混饲。每1 000kg饲料添加本品500g	蛋鸡产蛋期禁用；每1 000kg饲料中维生素B_1大于10g时明显拮抗；休药期7天
氯羟吡啶预混剂	每1 000g中含氯羟吡啶250g	用于鸡球虫病	混饲。每1 000kg饲料添加本品，鸡500g	蛋鸡产蛋期禁用；休药期5天
海南霉素钠预混剂	每1 000g中含海南霉素钠10g	用于鸡球虫病	混饲。每1 000kg饲料添加本品500～750g	蛋鸡产蛋期禁用；休药期7天
赛杜霉素钠预混剂	每1 000g中含赛杜霉素钠50g	用于鸡球虫病	混饲。每1 000kg饲料添加本品500g	蛋鸡产蛋期禁用；休药期5天
地克珠利预混剂	每1 000g中含地克珠利2g或5g	用于鸡球虫病	混饲。每1 000kg饲料添加1g（以有效成分计）	蛋鸡产蛋期禁用
氨苯砷酸预混剂	每1 000g中含氨苯砷酸100g	用于促进鸡生长	混饲。每1 000kg饲料添加本品1 000g	休药期5天
洛克沙胂预混剂	每1 000g中含洛克沙胂50g或100g	用于促进鸡生长	混饲。每1 000kg饲料添加本品50g（以有效成分计）	蛋鸡产蛋期禁用；休药期5天

（续）

品 名	含量与规格	用 途	用法与用量	注意事项
莫能菌素钠预混剂	每1 000g中含莫能菌素50g或100g或200g	用于鸡球虫病	混饲。每1 000kg饲料添加90～110g添加（以有效成分计）	蛋鸡产蛋期禁用，禁止与泰妙菌素、竹桃霉素并用；搅拌配料时禁止与人的皮肤、眼睛接触；休药期5天
杆菌肽锌预混剂	每1 000g中含杆菌肽锌100g或150g	用于促进鸡生长	混饲。每1 000kg饲料添加4～40g（16周龄以下）	休药期0天
黄霉素预混剂	每1 000g中含黄霉素40g或80g	用于促进鸡生长	混饲。每1 000kg饲料添加本品5g	休药期0天
维吉尼亚霉素预混剂	每1 000g中含维吉尼亚霉素500g	用于促进鸡生长	混饲。每1 000kg饲料添加本品10～40g	休药期1天
那西肽预混剂	每1 000g中含那西肽2.5g	用于鸡促进生长	混饲。每1 000kg饲料添加本品1 000g	休药期3天
盐霉素钠预混剂	每1 000g中含盐霉素钠50g或60g或100g或120g或450g或500g	用于鸡球虫病	混饲。每1 000kg饲料添加本品50～70g，以上均以有效成分计	蛋鸡产蛋期禁用；休药期5天
硫酸黏杆菌素预混剂	每1 000g中含黏杆菌素20g或40g或100g	用于革兰氏阴性杆菌引起的肠道感染，并有一定的促生长作用	混饲。每1 000kg饲料添加2～20g，以上均以有效成分计	蛋鸡产蛋期禁用；休药期7天
牛至油预混剂	每1 000g中含5-甲基-2-异丙基苯酚和2-甲基-5-异丙基苯酚25g	用于预防及治疗鸡大肠杆菌、沙门氏菌所致的下痢，促进鸡生长	混饲。每1 000kg饲料添加本品，用于预防疾病450g，用于治疗疾病900g	

（续）

品　名	含量与规格	用　途	用法与用量	注意事项
杆菌肽锌、硫酸黏杆菌素预混剂	每1 000g中含杆菌肽锌50g和黏杆菌素10g	用于革兰氏阳性菌和阴性菌感染，并具有一定的促进生长作用	混饲。每1 000kg饲料添加2～20g，以上均以有效成分计	蛋鸡产蛋期禁用；休药期7天
土霉素钙	每1 000g中含土霉素50g或100g或200g	对革兰氏阳性菌和阴性菌均有抑制作用，用于促进鸡生长	混饲。每1 000kg饲料添加10～50g，以有效成分计	蛋鸡产蛋期禁用；添加于低钙饲料（饲料含钙量0.18%～0.55%）时，连续用药不超5天
吉他霉素预混剂	每1 000g中含吉他霉素22g或110g或550g或950g	防治慢性呼吸系统疾病，也用于促进鸡生长	混饲。每1 000kg饲料添加用于促生长5～11g，用于防治疾病100～330g，连用5～7天，以上均以有效成分计	蛋鸡产蛋期禁用；休药期7天
金霉素（饲料级）预混剂	每1 000g中含金霉素100g或150g	对革兰氏阳性菌和阴性菌均有抑制作用，用于促进鸡生长	混饲。每1 000kg饲料添加20～50g（10周龄以内），以上均以有效成分计	蛋鸡产蛋期禁用；休药期7天
恩拉霉素预混剂	每1 000g中含恩拉霉素40g或80g	对革兰氏阳性菌有抑制作用，用于促进鸡生长	混饲。每1 000kg饲料添加1～10g，以上均以有效成分计	蛋鸡产蛋期禁用；休药期7天
磺胺喹噁啉、二甲氧苄啶预混剂	每1 000g中含磺胺喹噁啉200g和二甲氧苄啶40g	用于鸡球虫病	混饲。每1 000kg饲料添加本品500g	连续用药不得超过5天；蛋鸡产蛋期禁用；休药期10天

（续）

品 名	含量与规格	用 途	用法与用量	注意事项
越霉素 A 预混剂	每1 000g 中含越霉素 A 20g 或 50g 或 500g	用于鸡蛔虫病	混饲。每1 000kg 饲料添加 5～10g（以有效成分计），连用 8 周	蛋鸡产蛋期禁用；休药期 3 天
潮霉素 B 预混剂	每1 000g 中含潮霉素 B 17.6g	用于驱除鸡蛔虫	混饲。每1 000g 饲料添加 8～12g，连用 8 周，以上均以有效成分计	蛋鸡产蛋期禁用；避免与人皮肤、眼睛接触；休药期鸡 3 天
地美硝唑预混剂	每1 000g 中含地美硝唑 200g	用于鸡组织滴虫病	混饲。每1 000kg 饲料添加本品 400～2 500g	蛋鸡产蛋期禁用；鸡连续用药不得超过 10 天；休药期鸡 3 天
磷酸泰乐菌素预混剂	每1 000g 中含泰乐菌素 20g 或 88g 或 100g 或 220g	用于鸡细菌及支原体感染	混饲。每1 000kg 饲料添加 4～50g，以上均以有效成分计，连用 5～7 天	休药期 5 天
盐酸林可霉素预混剂	每1 000g 中含林可霉素 8.8g 或 110g	用于鸡革兰氏阳性菌感染	混饲。每1 000kg 饲料添加 2.2～4.4g，连用 7～21 天，以上均以有效成分计	蛋鸡产蛋期禁用；休药期 5 天
环丙氨嗪预混剂	每1 000g 中含环丙氨嗪 10g	用于控制鸡舍内蝇幼虫的繁殖	混饲。每1 000kg 饲料添加本品 500g，连用 4～6 周	避免儿童接触
氟苯咪唑预混剂	每1 000g 中含氟苯咪唑 50g 或 500g	用于驱除鸡胃肠道线虫及绦虫	混饲。每1 000kg 饲料添加 30 g，连用 4～7 天，以上均以有效成分计	休药期 14 天
复方磺胺嘧啶预混剂	每1 000g 中含磺胺嘧啶 125g 和甲氧苄啶 25g	用于鸡链球菌、葡萄球菌、肺炎球菌、巴氏杆菌、大肠杆菌和李氏杆菌等感染	混饲。每 1kg 体重，每日添加本品 0.17～0.2g，连用 10 天	蛋鸡产蛋期禁用；休药期 1 天

（续）

品　名	含量与规格	用　途	用法与用量	注意事项
硫酸新霉素预混剂	每1 000 g 中含新霉素154g	用于治疗鸡的葡萄球菌、痢疾杆菌、大肠杆菌、变形杆菌感染引起的肠炎	混饲。每1 000kg 饲料添加本品 500～1 000 g，连用3～5天	蛋鸡产蛋期禁用；休药期5天

在使用药物时，还要注意以下几点：第一，治疗药物要凭兽医处方购买，并在兽医指导下使用；第二，为避免球虫病产生抗药性，应以轮换或穿梭式使用抗球虫药；第三，休药期不得少于规定的时间，如未做规定应不少于 7 天；第四，弃蛋期所产鸡蛋不能供人食用；禁止在整个产蛋期鸡饲料中长期添加药物饲料添加剂。

（二）药物残留的控制

1. 为什么要控制药物残留　20 世纪 50 年代开始，人们逐步认识到在动物饲养中，向饲料中添加抗菌药物，可提高饲养者的经济效益，结果抗菌药物广泛使用，使得细菌耐药性不断加强，正如对环境先污染后治理一样，人们也逐步认识到滥用药物的危害，开始治理药残问题。在饲料中长期添加抗菌药物，其本质是在持续低水平用药；长期与药物接触，使得动物体内耐药菌株不断增多，当人们食用药物高残留的动物食品后，也等于人体与抗菌药物长期接触，导致人体内耐药菌群的增加。在人与人之间、动物与动物之间都有耐药基因的传递问题，人们关注很久的动物病原菌的耐药基因是否会传递给人类病原菌的问题现已得到证实。这些都给人类和动物的疾病临床诊治带来问题，使可选择的药物愈来愈少，治疗费用不断增加，并使新药开发面临巨大压力。

人们都知道“是药三分毒”这一道理，药物及环境中的化学物品可引起基因突变和染色体畸形。近年来，人群中肿瘤、癌症发生率不断升高，专家认为这与环境污染及动植物食品中的药物残留和农药超标使用有关。另外，某些抗菌药物如青霉素、四环素、金霉素、磺胺类药物和氨基糖苷类抗生素能使部分敏感人群发生变态反应。当上述抗菌类药物超量残留于动物食品中进入到人们的食物链后，就会使这部分敏感人群致敏，就会发生变态反应，可能会危及生命。还有些违禁药物对人体组织器官有毒害作用，如瘦肉精若一次摄入量过大，会出现急性中毒反应，严重时会造成死亡。但在生活实际中药物残留的危害，绝大多数是通过长期接触或逐渐蓄积而造成的。

2. 药残控制的方法 严格禁止使用违禁药物，加强兽药、饲料的监管力度，加大对禁用药物的生产、销售行为的打击，依法追究法律责任。倡导从业者自律，切实落实休药期制度，这是无公害散放养蛋鸡生产中的关键措施，因为目前最主要的问题是休药期制度执行不到位或根本没有休药期。休药期因药物种类、使用方法和剂量而异，这与药物在鸡体内的代谢和残留量有关。提倡科学用药，改变终身用药为阶段性用药，选用兽用专用药，不任意加大药物用量。研制开发抗菌药替代品，减少抗菌药物的使用，目前开发的微生态制剂、中草药添加剂及酶制剂、低聚糖和酸化剂都应广泛加以使用。

五、无公害散养蛋鸡饲料的种类、生产加工、贮存及使用注意事项

（一）饲料的种类

饲料是养鸡业发展的基础。在正常饲养管理条件下，无公害

散养蛋鸡全部生产费用中饲料费用占70%以上，所以科学地配制、生产、使用饲料，可以降低生产成本，以最小的饲料投入，获得最高的蛋产量。添加剂预混料、浓缩料、全价配合料是三种性质完全不同的饲料。图6-1是各种饲料关系的示意图。

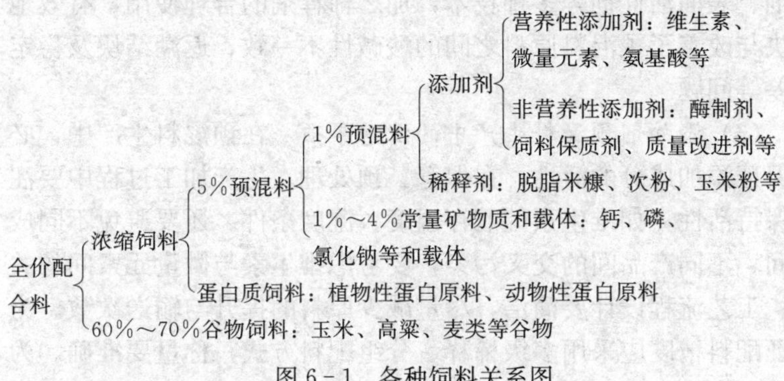

图6-1　各种饲料关系图

1. 添加剂预混料

（1）*什么是添加剂预混料*　添加剂预混料是一种或多种饲料添加剂与稀释剂按一定比例配制的均匀混合物，通常简称为预混料。在饲料生产行业通常规定预混料在全价饲料中使用量不超过5%，它们共同特点是都不含有大量的蛋白质，区别在于1%的预混料含有鸡只需要的维生素、微量元素与氨基酸和其他非营养性添加剂，5%以下预混料除上述营养成分外，还包括常量矿物质如钙、磷与氯化钠（食盐）及载体。

（2）*为什么要生产添加剂预混料*　因为鸡只需要的某些营养成分在全价配合饲料中所占比例极小，如维生素 B_{12} 在每千克鸡饲料中仅20微克；打一个形象的比喻，每5万个中才有1个是。这样极微量的成分要精确添加到饲料中，必须有预混合程序，只有通过稀释剂逐步稀释或载体来载带，才能有效保证微量成分安全、精确、均匀混合于饲料中。另外，这些微量成分原料每次需要量很少，但保管期又不能过长，因为某些活性成分要随时间流逝而活性下降；同时，称量这些微量成分也是一件麻烦的工作；保管与贮存这些原料也要占用相当的资金；所以，对自配料的鸡场或普通饲料厂使用添加剂预混料就会倍感方便。在专业生产添加剂预混料的厂家，由于使用抗氧化剂、防腐剂、抗结块剂、吸附剂、表面活性剂等多种技术，加之稀释剂的合理使用，有效地解决与改善了预混料原料之间的酸碱性不一致、返潮结块及稳定性差等问题。

(3) 添加剂预混料生产中的注意事项　在预混料生产中，必须保证添加成分的活性，在保管、预处理、生产加工过程中要注意保持活性，如维生素的贮存温度、湿度条件。还要避免不同成分间、不同产品间的交叉污染，要考虑维生素与微量元素间的关系。工艺流程设计要简洁，尽量减少原料的提升与输送次数。为保证配料精度应采用多级稀释、分组配料方式，称量要准确。为达到混合均匀度要求，对原料的粒度（一般应小于 30 微米）和混合工艺都有严格要求。产品的包装要考虑贮藏问题，要能防潮防光。在生产中要保证安全，一是饲喂后对鸡只的安全，饲料中有毒物不超标，不污染变质。二是保证生产人员人身安全，如亚硝酸钠对人体健康有一定的威胁。

预混料中各种活性成分混合在一起，不可避免要发生物理变化和化学反应，虽然采用载体或包被技术对某些活性成分进行了“包装”，但有些活性成分间的作用还是要发生。

①泛酸钙与烟酸：烟酸是酸性较强的化合物，其用量比泛酸钙多，泛酸钙吸水性强，易脱氧失活，当 pH 小于 6 时稳定性降低。当选用谷物类作稀释剂时，可能因谷物含水量大于 10%（这在夏季很容易发生），使泛酸钙与烟酸间发生反应。在夏季高温潮湿的季节，泛酸钙活性可下降 25%，所以，在高温潮湿季节应对稀释剂进行预干燥处理。

②氯化胆碱：氯化胆碱吸湿性极强，胆碱对维生素 A、维生素 D 和泛酸钙有破坏作用。可采取分别包装，在生产全价配合

料时再打开氯化胆碱独自小包装办法；也可以在生产预混料时，加大稀释剂比例，使氯化胆碱所占比例不超过20%。这两种方法都可解决氯化胆碱的吸湿问题。

③微量元素与维生素：微量元素中铁、铜、锰等阳离子是维生素分解的促进剂，特别对维生素A破坏严重，可以将维生素与微量元素分别包装，在生产全价配合料时再混入料中。如果准备生产同时含有维生素与微量元素的预混料，这种预混料应占全价料的1%以上，这样才能保证维生素不受破坏。另外，预混料中水分不应超出5%。

(4) 添加剂预混料配方的设计　鸡的饲养标准和营养需要量是设计预混料的基本依据，可参照饲养标准与营养需要量来进行设计。但饲养标准多是最低需要量，应适当加大一点安全保证系数，所以各育种公司建议的营养添加量多比饲养标准高。另一点要注意，营养需要量是指维持正常生产、生长的需要量，不是应该添加量，因为在基本日粮中还有一定量的维生素与微量元素，所以在制定添加剂预混料配方时，还应适当考虑一下饲料中的某些成分含量。

(5) 添加剂预混料的生产方法　有两种添加剂预混料生产方法：一种是完全用预混料原料单体来配制预混料，另一种采用通用或定制的单项预混剂（如维生素预混剂或微量元素预混剂等）来配制预混料。后一种方式较科学。

①采用各种原料单体来配制预混料：见表6-8。

表6-8 鸡2%预混料配方（全部采用单体原料）

原料名称	全价料中应含有的活性成分/吨	原料活性成分含量	每吨全价饲料中应含有克数	每吨预混料中各种原料的千克数
维生素A	1 000万国际单位	50万国际单位/克	20.0	1.00
维生素D_3	200万国际单位	20万国际单位/克	10.0	0.50

（续）

原料名称	全价料中应含有的活性成分/吨	原料活性成分含量	每吨全价饲料中应含有克数	每吨预混料中各种原料的千克数
维生素E	30克	50%	60.0	3.00
硝酸硫胺素	2克	5%	40.0	2.00
核黄素	8克	25%	32.0	1.60
维生素B_6	6克	25%	24.0	1.20
维生素B_{12}	0.015克	0.1%	15.0	0.75
d-泛酸钙	16克	45%	35.6	1.78
烟酸	37克	100%	37.0	1.85
叶酸	1克	2%	50.0	2.50
生物素	0.15克	1%	15.0	0.75
抗氧化剂（BHT）	0.1克	50%	10.0	0.50
铁（$FeSO_4 \cdot 7H_2O$）	80克	20%	400	20.0
锰（$MnSO_4 \cdot 5H_2O$）	60克	22.5%	266.7	13.34
锌（$ZnSO_4 \cdot H_2O$）	50克	22.3%	224.2	11.21
铜（$CuSO_4 \cdot 5H_2O$）	8克	25.2%	31.7	1.59
碘[$Ca(IO_2)_2$]	0.9克	64.5%	1.4	0.07
硒（Na_2SeO_3）	0.15克	45.2%	0.33	0.017
油				15
脱脂米糠				921.35

②采用通用（定制）预混剂来配制预混料：见表6-9。

表6-9　鸡1%预混料配方（采用预混剂原料）

原料名称	每吨全价饲料中应含有克数	每吨预混料中各种原料的千克数
维生素预混剂	500	50

（续）

原料名称	每吨全价饲料中应含有克数	每吨预混料中各种原料的千克数
微量元素预混剂	1 500	150
硒预混剂	500	50
碘预混剂	500	50
D-蛋氨酸	500	50
L-赖氨酸	200	20
油	150	15
次粉		615

2. 浓缩料

（1）什么是浓缩料　浓缩料在养鸡生产中又称料精，从图6-1各种饲料关系图中，可知浓缩料由两大部分组成，即预混料与蛋白质饲料，对于产蛋鸡浓缩料还包括大量的钙质。一般情况下浓缩料占全价配合料的6%～50%，在小比例浓缩料使用中，还要加钙质饲料和适量的植物性蛋白质。

（2）为什么要使用浓缩料　我国的蛋鸡业，特别是无公害散养蛋鸡这部分，绝大多数是由农户发展起来的。他们很多人本身又种植粮食，手中有大量的玉米等饲料原料。如何降低养鸡生产成本，充分利用手中的饲料原料，使用浓缩料是一个很好的思路。因为，浓缩料使用极为简便，不像预混料那样还得准备其他各种原料，手中只要有玉米即可，通常是浓缩料与玉米按一定比例充分混合后便可使用，这样极大方便了农户养鸡，减少了在全价饲料中占比例很大的能量饲料的往返运输。

（3）浓缩料配方的设计　设计浓缩料配方与设计全价料一样，根据饲养标准、饲养对象和当地饲料资源先设计出全价饲料配方，然后将其中的能量饲料（玉米）抽掉，也有人在小比例浓缩料中抽掉部分植物性蛋白质饲料和钙质饲料。为了方便使用者使用，一般都是抽掉整数，如配方中玉米占63.4%，可抽掉60%玉米，其余的3.4%玉米仍加在浓缩料中，用剩余的饲料组成浓缩料。为生产浓缩料，剩余的各种原料配比需要有一个换算，具体方法是，将某原料在全价料中的配比除以抽掉能量饲料后的配比之和。如果全价料配方中豆粕占25%，抽掉60%玉米后，浓缩料中的豆粕应占25/40=62.5%。

(4) 生产浓缩料需注明的事项　①注明营养成分含量，如粗蛋白质、粗脂肪不少于%，粗纤维不大于%，钙、磷、氯化钠所在范围。②表明使用的原料的名称和含量，如鱼粉、豆粕、磷酸氢钙、贝壳粉、食盐、维生素A、维生素D_3、维生素E、维生素B_1、维生素B_2、维生素B_6、维生素B_{12}、烟酸、泛酸、叶酸、生物素、微量元素铁、锰、锌、铜、碘、硒和生长促进剂等。加进药物添加剂的浓缩料，应在产品名称后注明“加入药物添加剂”字样，并要标明药物的化学名称、准确含量及注意事项。③注明饲料编号、使用对象、使用方法、生产日期、保质期、批号、净重量、生产厂家的名称、地址与电话。

3. 全价配合料　全价配合料是根据饲养标准要求，确定鸡只在不同生长、生产阶段的营养物质需要量，根据营养成分表与实际化验结果，选择适当的饲料原料与饲料添加剂，按设计好的比例要求，经过加工配制后充分混合的饲料。全价配合饲料中各种营养物质的种类、数量及相互间的比例关系应适当，并且体积、适口性和消化率等各方面也应满足不同鸡只的生理特点。

(二) 饲料的生产

1. 饲料生产的基本原则

(1) 饲喂后安全可靠　在饲料原料与饲料添加剂的选择上，必须考虑安全性，不安全的饲料原料不仅对鸡有害，人们食用由采食不安全饲料鸡产下的鸡蛋，也会对人类造成危害，发生在比

利时的二噁英污染就是一个明显例子。任何发霉、变质、污染及毒素量超标的原料不得使用，没经过批准的添加剂必须禁止使用，对添加剂使用还要考虑有效期问题，这在无公害蛋鸡生产中是至关重要的。

（2）*对鸡有饲养效果*　按饲养标准科学制定的全价配合料，通常情况下满足了鸡只的营养需要。有时为了充分利用本地饲料资源，可以从增加采食量角度考虑，适当降低营养水平。这种情况下，虽达不到最好的生产水平，但达到了充分利用本地资源，降低生产成本的目的；这时要考虑饲养效果与生产成本之间的平衡，不能一味追求降低成本。

（3）*经济效益合理*　配制生产出的配合饲料，应在生产成本上使饲料生产厂家认为合理，在销售价格上使用户感到满意。其产品的质量和价格在与同行业对手竞争中，处于一个有利位置。

2. 生产配合料的生产工艺

（1）将各种需粉碎的原料按配方要求计量和稍加混合后，进入粉碎机，在粉碎后的混合饲料中加入不需粉碎的原料，再经混合机充分混合，成为配合饲料。简单工艺流程为：

原料清杂→计量→配料→粉碎→混合→成品计量包装

这种工艺特点节省了贮料仓数量、工艺连续性强、流程简单，最大缺点是由于原料中谷物原料粒度与容重不同，粉碎前会发生分级，在配料中配比误差大。一般这种工艺较适应原料品种多、投资节省的小型饲料厂。现在新建饲料厂采用这种工艺的不是很多。

（2）先粉碎后配合加工工艺是将各种原料分别粉碎，贮入各自料仓，然后按配方要求进行计量，送入混合机最后充分混合而成。简单工艺流程为：

原料清杂→粉碎→入仓→配料→混合→成品计量包装

这种工艺特点是可按各种要求，将不同原料粉碎成不同细度。由于采用了单独粉碎，可提高粉碎机工作效率，减少电耗与成本，提高产量，同时对粉碎机筛孔可进行不同的选择，以使饲料中粒度质量达各自要求，如玉米可粉碎得相对粗一点等。但它需较多贮料仓，生产工艺复杂，布局也相对复杂。

3. 生产配合饲料的设备 主要设备有：清杂设备、粉碎设备、储料设备、配料（计量）设备、混合设备、输送（传送）设备、通风除尘和成品包装计量设备。但在广大农村最多见的还是饲料加工机组。

（1）清杂设备 清杂设备主要通过筛选与磁选，将原料中杂物如石块、泥块、绳头、木片、袋片、铁丝等金属杂物去掉。圆筒初清筛清杂效果较好，也可采用振动筛来清杂。磁选多用永磁筒，也可用电磁铁，但耗电较多。

（2）粉碎设备 粉碎设备品种较多，有锤片式、爪式、冲击式、对辊磨式、榔头式等。根据各种粉碎目的还有立式粉碎、超微粉碎、无网式粉碎、立轴式粉碎等多种形式，但最常用还是锤片式粉碎机。粉碎时要注意物料的含水量，含水量高时，粉碎效率低、电耗大。在粉碎时保证物料干燥，对降低电耗、减少机器磨损和降低生产成本的关系很大，但通常没有引起相应重视。

（3）配料设备 配料设备使用电子计算机配料秤，有单秤、双秤与三秤等几种形式。旧有的容积配料方式由于精度不高已逐步被淘汰。螺旋配料器通过改变转速来确定输送量，而摆式配料器可逆向运转，缩短行程。

（4）混合设备 混合设备较常见是卧式与立式混合机，还有双螺旋行星式混合机。现较多采用双轴桨叶式混合机，它双轴搅拌，混合过程温和，混合均匀度高，一般变异系数低于5%，混合速度快，一般1分钟内完成混合，装填系数可变范围广为0.1～0.8。由于采用了全长双开门结构，排料快、残留少。并且混合均匀，饲料不发生分级分层现象。

（5）饲料加工机组 由于饲料加工机组占地面积小、耗电省、操作和维修方便，并且投资少，整机可整体移动等优点，所以非常适合农村条件下饲料生产厂与饲养大户使用，但由于它多

数属于先配合后粉碎工艺，所以还是有一定缺陷性，特别是在采用原料品种较多时尤为明显。

输送设备、储料设备、通风除尘设备、成品计量包装设备就不一一分别介绍了。

(三) 配合饲料的质量管理

影响配合饲料质量的因素很多，但主要受两个因素影响，一是饲料配方的科学性，这是设计配方问题。二是饲料生产的加工质量，是否达到均匀稳定地满足了配方的要求，也就是生产配合饲料的质量管理问题。

1. 首先要把好原料的质量关　要按原料的质量要求采购原料，对购入的每批原料除有合同要求外，还应实测水分，进行色泽、气味、质地、霉变、含杂、发热等感官检查，发现问题后，必须退货处理。对首次使用的原料及初次打交道的原料供应商所提供的原料，应进行原料成分实测，包括有毒、有害物质的测定，这同时也为制定饲料配方提供科学依据。要做好原料库的灭鼠、清洁工作，按类、按质定位存放，防止发生差错与污染。

2. 控制好各道生产工序的质量关　严格按生产操作程序去工作，加强检查与监督。要搞好清杂工作，注意粉碎工序的粒度与筛片的磨损情况，对配料秤要定期校检，以保证每批配料比例正确。对使用的原料要有专人记录、清点、及时核对。混合机的混合时间控制，混合后饲料排放残留物的清除，要引起足够的重视，防止产生混合不均与相互间的污染。对产品的定量与包装要做到定量准确、包装完好。每批次生产的产品都要保留抽样，以便发生问题时能找出产生原因。

(四) 各种饲料贮存、使用及注意事项

1. 添加剂预混料主要是由维生素与微量元素组成，有的添

加了氨基酸与非营养性添加剂，最后加入载体。这些物质容易受光、热、空气中氧和水汽影响，所以要把添加剂预混料密封包装好，使它们不透气、不透光，在干燥、低温的地方存放，贮存期不要过久，一般夏季2～3个月为宜，冬季3～4个月为宜。最好方式是维生素添加剂与微量元素添加剂分别包装，使用时再相混合，这样对效价的影响不会太大。

2. 浓缩料由于蛋白质丰富，并含有维生素与微量元素。这种粉状饲料导热性差，易吸潮，因而非常有利于微生物、害虫和霉菌繁殖，维生素也易受高温、氧化、潮湿、光照等因素影响而降低效价。一般不应贮存太久，一般夏季1～2个月，冬季2～3个月。

3. 全价配合饲料大部分是谷物，表面积大，孔隙度小，导热性差，容易吸潮发霉，维生素部分也会因高温、光照、潮湿、氧化而造成效价降低，所以全价配合饲料应尽可能现生产现使用，在安全水分（不超过13.5%）条件下，一般贮存时间夏季不过21天，冬季不过35天。

4. 存放以上饲料的料库应做到无鼠害、通风、不潮湿漏雨、光照不是十分太强，最好在地面上垫上一层木板再摆放饲料。在农户贮存饲料时，特别要注意饲料远离农药与鼠药。

5. 按中华人民共和国饲料法规，添加剂预混料在出厂后必须附有标签，上面有产品名称、编号、净重量、有效成分（如含有药物添加剂一定要额外明示）、用途、使用方法、注意事项、生产厂家、出厂日期、保质期限和产品批号与准产批号等，在使用方法中用表格的形式说明如何使用。

（1）表6-10是1%、3%、5%产蛋鸡预混料的使用说明适用于19周龄以后的产蛋鸡。

每吨饲料添加10千克（1%）、30千克（3%）、50千克（5%）预混料，按参考配方把预混料与各种原料充分混合，即可作为全价料使用。

也可根据原料化验结果，由配方师提出配方。

表 6－10　使用添加剂预混料时的参考配方

单位：%

玉米	豆粕	棉粕	菜粕	麦麸	磷酸氢钙	石粉	盐	预混料	粗蛋白
60.0	27.0	0.0	0.0	2.0	1.2	8.5	0.3	1.0	16.5
63.0	20.0	3.0	3.0	0.0	1.2	8.5	0.3	1.0	16.0
60.0	27.0	0.0	0.0	2.0	0.0	8.0	0.0	3.0	16.5
63.0	20.0	3.0	3.0	0.0	0.0	8.0	0.0	3.0	16.0
60.2	27.5	0.0	0.0	0.0	0.0	7.3	0.0	5.0	16.5
60.0	23.7	2.0	2.0	0.0	0.0	7.3	0.0	5.0	16.5

（2）浓缩饲料示例与使用　表 6－11 是某浓缩饲料厂的产品。

浓缩料使用起来极为方便，特别对国内蛋鸡业以分散、户养为主的发展模式来讲，是提高饲料效率、保证全价饲料质量、简单易行、见效快的有效措施。具体使用中按使用说明要求，将能量饲料（主要是玉米）与浓缩料按要求比例充分混合后便可使用。有一点应注意，对鸡饲料来讲，玉米不一定要粉碎特别细，特别是产蛋鸡饲料，玉米中有些粒度为 3～4 毫米的小颗粒，效果反倒更好。

表 6－11　浓缩料产品

品　名	产蛋鸡一号料	产蛋鸡二号料	产蛋鸡三号料	雏鸡料	育成料
项　目	产蛋率≥80%	产蛋率 65%～80%	产蛋率≤65%	0～8 周	9～18 周
浓缩料∶玉米	4∶6	4∶6	4∶6	4∶6	4∶6
粗蛋白质　（%）	30.0	26.0	23.0	33.0	23.0
钙　（%）	8.70	8.50	8.00	1.90	1.70
有效磷　（%）	0.74	0.71	0.66	0.90	0.78

（续）

品　名	产蛋鸡一号料	产蛋鸡二号料	产蛋鸡三号料	雏鸡料	育成料
项　目	产蛋率≥80%	产蛋率65%～80%	产蛋率≤65%	0～8周	9～18周
氯化钠　（%）	0.93	0.93	0.93	0.93	0.93
蛋氨酸　（%）	0.73	0.66	0.60	0.60	0.45
赖氨酸　（%）	1.42	1.25	1.15	1.72	1.20
蛋氨酸+胱氨酸（%）	1.14	0.98	0.88	1.09	0.90

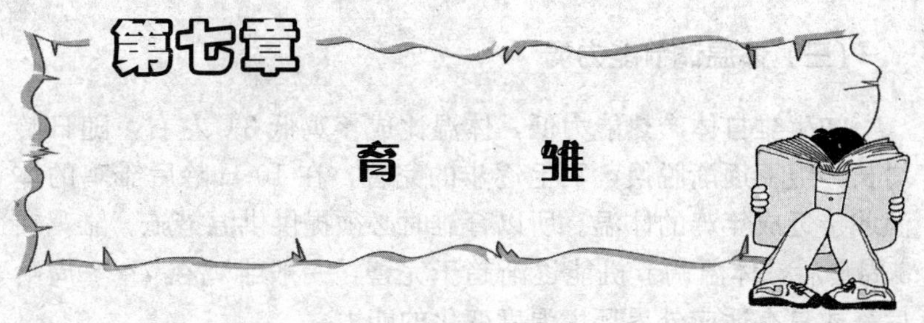

第七章 育雏

对于雏鸡的定义有多种说法，多数人主张 0～6 周龄为雏鸡，也有人定义为 0～8 周龄，还有人认定为 0～10 周龄。但只要仍然饲喂雏鸡料，就可以看作仍然处于雏鸡阶段。因为雏鸡体小适应环境能力弱，抗逆性差，很容易生病死亡。所以在雏鸡阶段饲养管理更需要科学与精心，这样方能获得好的生产成绩。

一、雏鸡的生理特点与生活习性

（一）生长发育快，代谢旺盛

在暂短的育雏期，雏鸡体重要增加 10～15 倍，从中可见生长发育之快，代谢之旺盛。就相对体重而言，雏鸡的耗氧量与二氧化碳的排出量明显高于成年鸡。所以在育雏阶段必须提供优质的饲料、清新的空气、卫生的饮水、适宜的空间和不受传染病威胁的生活环境。

（二）消化机能不完善

初生雏消化系统发育不健全，在出生 36 小时内正常的消化机能还不能完善地运转。并且雏鸡消化道短、胃容积小、胃肠消化能力弱、消化吸收能力差。所以必须及时饲喂易于消化吸收、营养成分全面的饲料；与雏鸡生长发育有关的蛋白质、氨基酸、维生素、微量元素和矿物质必须满足需要。

（三）体温调节能力弱

初生雏自体产热能力低，体温比成年鸡低 3℃左右，随日龄增长，绒羽逐渐脱换，羽毛逐步的完善，在 10 日龄后雏鸡的体温才接近成年鸡的体温。所以育雏时必须提供供温措施。雏鸡在 3 周龄后，体温调节机能逐渐趋于完善，一般雏鸡在 7～8 周龄后，才具有适应外界环境温度变化的能力。

（四）自卫能力差，抗病力弱

初生雏自卫能力差，极易受老鼠或其他动物的侵害。尽管初生雏携带有母源抗体，但自体产生抗体的能力有限，难以抵御各种细菌、病毒的侵袭。在雏鸡阶段易感的传染病有鸡白痢、传染性法氏囊炎、鸡新城疫、鸡马立克氏病和鸡球虫病。所以育雏阶段的隔离防疫最重要，多数场家在育雏阶段采用封闭式育雏，育雏人员吃住在育雏舍。

（五）体质和神经敏感易受惊

雏鸡胆小、喜欢群集。各种惊吓和环境条件的突然改变都可能造成对雏鸡的伤害。特殊的声音、晃动的光影、上空中的飞行物、异常的颜色、其他动物的出现、突变的环境都可能造成雏鸡间互相的群集挤压致死，这种情况在没有经验的育雏人员中时有发生。另外，在给雏鸡投药时，要计算好浓度与使用量，混合均匀一致，生产中时有因投药不当而造成损失的报道。

（六）好奇、好动，模仿力强

雏鸡出于天性，喜欢啄食与众不同的黑点和草棍之类，可利用这点很容易给雏鸡开食；同时因雏鸡的模仿力强，个别鸡采食或饮水后，其他鸡很快就会模仿，而开始大群采食或饮水。雏鸡好动，特别在育雏的头几天，要在热源周围加以护围，以防雏鸡远离热源而无法返回。

二、育雏的准备工作

（一）选择育雏季节

因为春季育雏对利用自然条件资源最有利，大多数散养鸡场都选择春季育雏，但同时在春季大批育雏，使蛋的生产具有明显季节性，有淡、旺季之分。所以适当地反季节、错季节育雏，有时会有更好的经济效益。

（二）制定育雏计划

制定育雏计划的原则是必须做到“全进全出”。每次育雏舍同时仅育同一日龄同一批次的雏鸡，绝对不允许多日龄多批次雏鸡在同一育雏舍内同时存在。在每批育雏结束、清理消毒工作完成后，最起码的空舍时间为 3 周以上，如能做到空舍 1 个月，对提高雏鸡成活率大有益处。要根据本场的鸡群周转计划，考虑育雏设备的配套能力，雏鸡或种蛋的供应情况最终做出育雏计划。

（三）安排育雏人员

育雏是整个养鸡生产活动中最关键环节，工作既繁杂艰辛，并且技术性很强，还要具备一定的生产经验。要求育雏人员有一定的专业技术知识和生产经验，要肯吃苦，责任心强，遇到问题能动脑考虑，同时还要心细与勤劳，并且在整个育雏封闭期无家庭负担。

（四）育雏舍

育雏舍是养育雏鸡的房舍，它与其他性质鸡舍最少要有 50 米以上的防疫距离。育雏舍四周要有隔离防疫设施，隔离设施的入口处要有车辆消毒池和人员淋浴、更衣、换鞋的消毒间，消毒间内要有紫外线消毒灯。育雏舍在育雏前，必须经过严格的清洗消毒，经过适当空舍期后方可育雏。

（五）育雏方式

育雏方式简单划分为平育与笼育两大类，而平育又分为地面平育与网上平育两种。

1. 地面平育 是在地表面铺敷垫料，在地面上垫料中均匀摆放好食具与饮具，在垫料上养育雏鸡。垫料有多种多样，最好是刨锯花，但也可用锯末、稻壳、轧短的麦秸或稻草，还可以用树叶、杂草或碎纸，甚至夏季也可以用砂土。垫料可以定期更换或只添不撤（厚垫料育雏），最终在育雏结束时一次性清理掉垫料。地面平育方式简单直观，管理方便，但房舍利用不经济，相对来讲，供热成本要高。并且因雏鸡与粪便的直接接触，易感染鸡球虫病和其他经消化道感染的疫病。一般讲，地面平育的饲养密度在育雏结束时，应控制在 15 只鸡/米^2 为宜。

2. 网上平育 是利用网面来代替地面，它最大优点在于使鸡免于与粪便的直接接触。网材最好是用铁丝网，也可以用塑料网或木条网与竹竿网等。网眼不要过小或过大，以鸡在网上生活、粪便可漏下为宜，也可在鸡龄小时在网面上再铺一层塑料网，以免雏鸡漏到网下。网上育雏的饲养密度在育雏结束时应控制在 18 只鸡/ 米^2。

3. 笼育 其本质是在同一空间的不同高度的多层网上平育，如常见的 4 层重叠式育雏笼的饲养密度在育雏结束时应控制在 45 只鸡/米^2 左右。

三、育雏所应提供的条件

（一）温度

温度是育雏条件中最重要的因素之一，由于初生雏绒毛稀短，体温调节不健全，所以在雏鸡开始养育时要人工供温。表7－1给出了不同育雏方法的供温程序，目前绝大多数都采用高温育雏法，因为该法能有效控制雏鸡白痢病的发生与蔓延，可提高育雏成活率。并且高温育雏法有利于雏鸡体内蛋黄物质的吸收，雏鸡发育健壮，雏群生长整齐。

表7－1 育雏期的供温程序

日龄（天）	常规育雏法温度（℃）	高温育雏法温度（℃）
1～7	30～32	33～35
8～14	29～30	30～33
15～21	27～29	27～30
22～28	24～27	24～27
29～35	21～24	21～24
36～42	19～21	19～21

北方养鸡，无论在什么季节育雏都要人工供温，因为初生雏绒毛稀短，雏鸡本身体温调节机制不健全；另外在冬季养鸡也要供温，一旦环境条件温度低，鸡要多消耗饲料来提供体热，用饲料来提供体热这远没有由环境直接供热来得经济。

有些养鸡人育雏时发现温度计表示温度数值挺高，但雏鸡还是表现环境温度低。这多半是温度计读数不准或悬挂位置不对，正确温度计测温方式是用绳悬挂起来，将感温点与鸡背高度相一致，这样才能反映出雏鸡真实感到的温度。

环境温度与鸡体温的调节、营养物质的消化吸收、鸡对外界应激的抵抗力等都有关。育雏期要求温度变化平稳，逐步脱离供温。在阴雨天或大风天要适当增加温度，夜间应比白天温度稍高一些。在外界自然温度与育雏舍内要求温度基本吻合后，可停止供温。但脱温后又有寒潮、冷空气侵袭，还要适当供温。在脱温的最初几天夜间一定要注意观察鸡群，以免发生不应有的损失。

（二）湿度

湿度常用相对湿度来表示，是指某一时空内，空气中的实际含水汽的克数和同温下饱和水汽克数的百分比，简言之，就是实际水汽与饱和水汽的百分比。相对湿度表明了水汽在空气中的饱和程度。

当温度在正常范围值内变动时，湿度的作用相对较弱。正确的控湿指标是，在育雏开始的0～10日龄时，湿度由70%减至65%，再减至60%，10日龄后，湿度控制在50%～60%为宜；如温度正常时，湿度在45%～65%范围内变动都可以。

生产中较易出现的问题是：育雏前期湿度太低，而育雏后期湿度太高。可用湿度计来观察湿度值，也可观察雏鸡的脚趾（脚鳞）。湿度合适时，脚趾发亮，丰满无皱纹；湿度低时，脚趾干瘪，皱纹多，看上去干瘦。当雏鸡在垫料上奔跑，垫料中起灰，空气中有粉尘，表明湿度太低。10日龄后，由于雏鸡活动性增强，有时在饮水器旁嬉水或因饮水器本身漏水，使湿度增高。当舍内湿度过高后，鸡体上羽毛污秽不洁，极易发生鸡球虫病与其他疾病。

湿度与温度密切相关，当温度低、湿度大时，空气中水分强烈吸收辐射热，从而使雏鸡体热散发增大，这就是人们常讲的“阴冷”；当温度高、湿度大时，空气中水分变成热的不良导体，使热的放散减缓，使雏鸡感到过热，这就是人们常讲的“闷热”。所以夏季越湿越热，冬季越湿越冷。

（三）光照

光照对雏鸡的新陈代谢与健康发育成长有极大的促进作用。阳光中的紫外线可将鸡体内的维生素D前体7-脱氢胆固醇转化为维生素D_3，维生素D_3促进正常的钙磷代谢。

光线最重要之处在于通过鸡的视觉神经，刺激脑下垂体，促进生殖系统的发育。雏鸡只有在适当光照条件下，才可能熟悉周围环境，找到食物和饮水。

在育雏的最初几天，光照强度应比正常光照强度提高 2～3 倍，这时可用 20 勒克斯的光照强度。一个简单的近似计算方法是：每平方米育雏室面积应有 2 瓦带伞的白炽灯灯光。在 2～3 天后光照强度逐步减弱，光照强度为 5 勒克斯，即每平方米育雏室面积有 0.5 瓦带灯伞的白炽灯灯光。可在育雏开始时采用 60 瓦灯泡，后来逐步换成 15 瓦灯泡。

光照对鸡生产力的形成有一定影响，合理的光照制度应有利于鸡的生长发育，并节省照明费用，还便于饲养管理人员的工作，光照对鸡的新陈代谢与健康发育成长有极大的促进作用。

育雏期的光照原则是：①育雏开始时，采用较强光照，以便雏鸡找到水源和饲料，使雏鸡尽早熟悉环境。②育雏中后期要采用弱光照，以避免各种啄癖发生。③在育雏期内光照时间只能逐渐减少，不可增加。

（四）通风换气

鸡舍内的通风换气有两个目的。第一是提供大量新鲜氧气。雏鸡生长发育快，新陈代谢旺盛，同时，鸡群密集，要呼出大量二氧化碳，需大量新鲜氧气，这也是所说的换气作用。第二则是降低舍内有害气体浓度和空气中尘埃含量，同时排除空气中多余的热量和水分。

在雏鸡生长发育过程中，要排出大量二氧化碳，并产生大量粪便，并有部分水汽带进空气与垫料中，舍内的空气环境不断受到污染，使舍内空气含有二氧化碳、氨气、硫化氢和其他有害气体。有害气体在舍内不断蓄积的过程中，当达到某一极限浓度的阈值后，将对鸡群的健康构成极大的威胁。其中，当属氨气的危害性最大，氨气对鸡的黏膜组织有强烈的刺激，如附着于眼结膜，会造成流泪红肿，最后发生结膜炎。若氨气浓度高，持续接触时间长，可能造成永久性失明。若附着于呼吸道，则会引发气管炎，并由于氨气的侵入使黏膜免疫力下降，使机体失去对外界病原体抵抗的首道天然保护屏障。严重情况下可能会导致鸡新城疫等严重传染病的暴发。

在通风换气良好的鸡舍内，氨气浓度不应大于17毫克/米^3，硫化氢浓度不应大于2毫克/米^3，二氧化碳浓度不应超过0.2%，舍内空气中尘埃的允许含量是2～5毫克/米^3。

氨气浓度是表明舍内空气质量的重要代表指标，最简单测定氨气浓度的方法是采用人的感受，人从外界新鲜空气处进入鸡舍，若嗅闻有氨气味，但不刺眼不刺鼻，这时氨气浓度为7.6～11.4毫克/米^3；若入舍后马上感觉到刺鼻且流泪，其氨气浓度为19.0～26.6毫克/米^3；当进舍后感觉呼吸困难，眼无法睁开并且流泪不止时，氨气浓度应在34.2毫克/米^{3}以上。

在育雏初期或冬季育雏时，多数人都会因强调保温而忽视通风换气，但要切记在任何温度条件下，每千克鸡体重，每小时需0.5米^{3}的换气量，这是最基础的起码要求。在冬季要尽量减少舍内水汽蒸发，在鸡舍上部设通风口，尽可能在雏鸡采食或运动时通风，不要在雏鸡休息或睡眠时大量通风。

要根据鸡龄的大小和体重情况，结合舍内的饲养密度，考虑舍内空气质量情况，参考舍内外的温度差值和外界天气是否有风等诸多因素，综合考虑来制定通风换气方案。

在蛋鸡生产过程中，鸡舍内的空气质量受鸡呼吸、有机物的分解等因素所影响，其化学成分与普通大气成分相比，发生差异很大的变化，增添了大气中没有或含量极微的成分，主要是氨与硫化氢，还有胺与酰胺、硫化物、甲烷和粪臭素等。

这些有害气体主要是由鸡的粪便、潮湿的饲料残渣、垫料中的有机物等发酵分解所产生。氨和硫化氢都易溶于水，当鸡舍在冬季低温季节、鸡舍内温度太低时，发生结露、凝水现象，水汽将在舍内墙壁、天棚及物体上凝结，造成氨与硫化氢大量溶解，对鸡的生长与发育造成严重的危害。

（五）饲养密度

通常密度用每平方米面积容纳雏鸡的数量来表示。饲养密度在整个育雏期是个动态值，开始育雏时，平育每平方米可育 50 只甚至更多的雏鸡，但在前面育雏方式中提到的各种育雏方式的密度，是指育雏结束时的饲养密度。

雏鸡的生长发育与密度息息相关，密度过大，鸡群采食饮水时相互挤压，会因采食不均匀而雏鸡体重也不均匀。可以讲，密度大本身就是一种应激，易引发雏鸡间相互啄鸽，并且鸡群也易感疫病。高密度使鸡群对不良环境的抗逆性下降，自身免疫力不可避免地受到影响。

当密度超过某一阈值后，鸡群中开始了羽毛脱落，即俗称的“上热”。在育雏期上过热的鸡，在产蛋期生产性能也要受到影响。当然如果饲养密度低，则房舍设备利用不经济，并且每只鸡所需燃料费及折旧费等分摊比例要大。

一般讲，冬季育雏时可比夏季育雏时增加 10%的饲养密度，通风换气好的鸡舍可适当增加饲养密度。有一点应指出，不论多大面积的育雏舍，在育雏初期都要划分成小区，每小区养一群雏鸡。一般以 500 只为宜，最多不许超过 800 只。鸡群群体大时，管理上方便，但在环境温度低时，雏鸡极易集群起堆，相互挤压造成死亡。生产中要根据日龄增加，鸡体重的变化，逐步对密度进行调整，不可能一步或二步到位，密度调整是一个逐渐调整变化的过程（表 7－2）。

表 7－2　合理的饲养密度

单位：只/米^2

周龄	地面平养	网上平养	笼养
0～3	20～40	30～50	50～80
4～6	10～15	15～18	25～40

（六）食具与饮具

1. 食具 给雏鸡喂料的器具。常见有料槽、料桶与料盘几种形式。因为在养鸡生产过程中，喂料所耗用的工时较多，在规模蛋鸡场中，多数采用机械化供料方式，一方面节省劳动力，另一方面减少了饲料的浪费。

料槽多用金属或塑料制成，个别也有用木头钉制，它可以人工加料，也可以机械供料。在育雏期由于雏鸡的采食量不是很大，所以多数采用人工供料。在育雏舍每只雏鸡需要5厘米单边槽长的采食空间来配置料槽。

人工加料的料桶由塑料或金属制成，由盛料桶、支架和料盘组成；桶内的饲料由于鸡在料盘中的采食，而自动通过支架构成的间隙而不断流出，使得料盘中保持一定的饲料量。

料盘由塑料或金属制成，多数用在机械化供料方式中。可采用螺旋搅龙供料或塞盘供料，螺旋搅龙输送效率高，并且结实耐用，缺点是只能直线水平输送；塞盘供料结构简单，并可以改变输送方向，但出现故障后不易检修。

在给雏鸡首次供料（开食）时，上述的食具都不适用。大多数采用开食盘或纸板、旧报纸等，也有用塑料薄膜来开食的。雏鸡在8～10日龄后，逐步由开食盘转变为料槽、料桶或料盘等正规食具来饲喂。在育雏期一个直径40厘米的料桶可供50只雏鸡采食，一个直径30厘米的料盘可供35只雏鸡采食。

2. 饮具 供雏鸡饮水的器具。常见的有水槽、真空式饮水器、吊塔式饮水器和乳头式饮水器。

水槽由塑料、玻璃钢或金属制成，横截面为U形或V形，它结构简单，成本低廉，但属于最原始的开放式供水，多鸡同槽饮水极易感染传染病，并且水质极易污染，现有逐步被乳头式饮水器所代替的趋势。一般可按每只鸡有5厘米单边槽长的饮水空间来配置水槽。

真空式饮水器由塑料或金属制成，由盛水的水罐和饮水盘组成，采用人工供水方式，多在饲养规模不大的饲养场使用。使用时将水罐加满水，扣上饮水盘，上下反转后放在饲养面上，水从水罐中流出，淹没饮水盘的出水孔后，由于水罐内部形成真空，水将不再流出；当雏鸡饮水后，水面低于饮水盘的出水孔后，水又自动流出，使得饮水盘中水位始终能保持在一定位置，当水罐中无水后，再由人工重新加满。真空式饮水器属于开放式供水，不卫生，并且要随鸡日龄变化更换小、中、大不同型号，一般开始育雏时，一个直径 15 厘米的真空式饮水器可供 40 只雏鸡饮水使用。

吊塔式饮水器由饮水盘和控制机构组成，在自动供水中使用。吊塔式饮水器顾名思义是吊挂在鸡舍内，多在平养舍内使用。其基本原理是利用饮水器和水的重量来控制出水阀门弹簧的开启，当饮水盘水面达到一定高度后，由于重量的增加，使出水阀关闭，在雏鸡饮一段水后，由于重量的减轻，出水阀开始出水。吊塔式饮水器也属于开放式供水，不是太卫生。

乳头式饮水器是目前广泛采用的一种饮具，它适合于平养也适合于笼养。它因端部有乳头状阀杆而得名。它属于封闭式供水方式，所以不易传播疾病，并且水的消耗浪费小，免除了天天清洗饮水器的工作。

因乳头式饮水器要求供水的压力很低，一般常用的自来水系统都不行，必须在每一个供水层面上都安装有减压水箱。并且乳头式饮水器对水质要求较高，管道中要配置过滤器。一般平养时，每个乳头饮水器可供 8 只鸡饮水。

使用乳头饮水器要注意随鸡龄增长，逐步调高水线高度，让鸡始终抬头在乳头饮水器下饮水。使用其他的饮水器也要随鸡龄的变化逐步提高饮水面的高度。

四、雏鸡的选择与运输

（一）雏鸡的选择

要想取得优良的育雏成绩必须有高质量的雏鸡作为保证。通过选择，将弱、残、次雏鸡淘汰，按雏鸡大小和强弱实行分群饲养，根据发育情况进行分别调控，可提高全群的均匀度。雏鸡选择多数凭经验，通过“一看、二摸、三听、四询”来进行。

1. “一看” 用肉眼来观察雏鸡的精神状态，健康雏活泼好动，绒毛长短适中，羽毛清洁干净，眼大有神，腹部松软且大小适中，卵黄处收口良好且无血痕，泄殖腔处不黏着粪便，腿脚无畸形，站立行走正常。而弱雏或残次雏，通常缩头缩脑，不愿意睁眼，身上羽毛零乱不洁，绒毛或长或短，有时出现火烧毛与卷毛，在泄殖腔处常有粪便粘着，肚子大，卵黄收口处愈合不良，常常带有血痕，腿脚畸形，站立或行走困难。

2. “二摸” 用手触摸鸡，通过手感来判断雏鸡强弱。壮雏鸡握在手中有弹性，有一种向外挣脱力；鸡脚及身体上有温暖感，握在手中感到雏鸡腹部大小适中，用指尖触摸脐带收口处可感到收口良好。而残弱雏则手感发凉，雏握在手中轻飘无力，腹部大，收口不良。

3. “三听” 来听雏鸡的鸣叫，壮雏叫声清脆响亮，而弱雏叫声有气无力，嘶哑微弱，有的弱雏在环境温度低时会鸣叫不止，人听后有烦躁感。

4. “四询” 通过询问，了解出壳时间的长短和整齐程度和孵化率的高低，并重点了解马立克氏病疫苗注射情况和母源抗体水平如何。

任何一个批次的孵化鸡苗中都会有相对较差一点的雏鸡，特别是出壳较晚的雏鸡，表面上会显得弱一些，若从精神状态、活动能力、脐部吸收及腹部大小看，多数人都把这类雏鸡划分为弱雏，并没有考虑产生上述现象的根本原因在于出壳时间晚、卵黄吸收不充分所致。这类雏鸡若养育在较高环境温度条件下，都可以逐步转为正常雏。

（二）雏鸡的运输

雏鸡的运输是一项重要工作，稍有疏忽就可能对生产造成巨大损失，本是健康的雏鸡，因运输中操作管理不当，会转化为弱雏，严重情况下会造成雏鸡大批死亡。

运输雏鸡要使用一次性专用纸制运雏盒，近距离运输也可使用塑料雏鸡周转箱（每次用后要认真清洗消毒）。雏鸡盒（箱）要有适当数量的透气孔，并且内部分为 4 个独立的小格，每小格装鸡 20～30 只（因季节而异），这种结构可有效防止在低温时，由于雏鸡间相互的挤压而造成的伤亡。

在运输途中，雏盒要平稳摆放，原则上每 1 摞不超过 6 个高，因为过多层次的摆放，会在车身颠簸时因本身自重而压坏下层雏盒。每摞雏盒间要根据季节、温度情况适当保有一定距离，以利于空气的流通。运输中要定时观察雏鸡表现，根据季节与温度情况，一般每隔 0.5～1 小时观察 1 次，当发现雏鸡张嘴直喘，翅膀下展，身上绒毛湿时，是温度过高的表现，要及时将上下、左右、前后雏盒互调位置，以利通风散热。最适宜运输雏鸡的温度是 22～24℃，如运输工具内温度在 28℃以上，往往每摞上层的雏鸡盒内易发生温度过高现象，这时要增加雏盒的对调更换次数，缩短每次观察间隔时间。

现在多数专用运雏车都配有空调设备，所以远距离运雏鸡并不是一件让人头疼的难题。不同季节运雏有不同要求，夏季运输比冬季运输更易发生问题，主要是过热闷死雏鸡，也有空调车内氧气含量不足而造成雏鸡死亡的报道。夏季最好在早晚或夜间运雏，尽量避开高温时间；冬季尽管温度低，但只要避开冷风直吹，适当加以保温，还是相对安全的。保温的用具根据温度情况可用床单、毯子或棉被等。当发现雏鸡在雏盒内扎堆，发出“嘀嘀”的叫声，用手触摸鸡脚明显发凉，说明温度过低，这时要加盖防寒物，但也要考虑通风问题。也要有雏盒的互调换位，但这时的目的是，防止最底层雏盒内雏鸡长期处于温度过低状态。经验表明，受过冷应激的雏鸡，生长发育一定会受到影响。

五、雏鸡的饮水与开食

（一）雏鸡的饮水

对雏鸡要先饮水后开食，这是育雏的基本原则之一。一定要在雏鸡饮水后1～2小时再开食，因为雏鸡出壳后体内仍有一部分卵黄物质没有充分吸收，作为营养物质这些卵黄对雏鸡生长发育有促进作用。为什么雏鸡出壳后2～3天不开食也不会有问题，其实雏鸡这时就靠吸收这部分卵黄物质。饮水可促进胃肠蠕动，利于卵黄物质的吸收和胎便的排出。另外，在运输过程中和育雏室的高温环境中，雏鸡体内的水代谢和呼吸都需要水，饮水有助于恢复体力。

雏鸡初次饮水的水温很关键，初饮水温以20～25℃为宜。初生雏绝不可直接饮凉水，因为这样极易造成腹泻。最好开始育雏第一周饮温开水，如没条件烧开水，也可将饮水事先在育雏舍预温数小时后再饮用。饮水中可适当添加一些物质，来促进和保障雏鸡的健康生长，较常见做法：在育雏头一周内，饮水中加糖和维生素C，可在每升饮水中加50克葡萄糖或白糖，加2克维生素C。特别是经过长途运输的雏鸡，饮水中加糖和维生素C后，可明显降低死亡率。也有人在水中加多维电解质一类，它们的主要功效与添加糖和维生素C大同小异。

刚出壳的雏鸡体内含水分85%左右，并且雏鸡所有的代谢活动也离不开水，体温调节需要水，维持体液的酸碱平衡和保持渗透压的稳定也离不开水。

育雏期要全天供水，断水将使雏鸡感到干渴，见水后易暴饮，在抢水过程中因暴饮会将羽毛弄湿，这样会造成打战起堆，也会压死雏鸡，并在抢水过程中因挤压也会对雏鸡造成伤害。暴饮还易引发雏鸡下痢，对雏鸡健康构成威胁。

要随鸡日龄增长，不断更换饮水器型号，逐步调高饮水器的高度，调到饮水面比鸡背稍高点的程度。使用乳头式饮水器，育雏头 2 天，使乳头与雏鸡眼睛高度一致，第 3 天调到雏鸡以 45°角来饮水，10 日龄后调到雏鸡垂直于乳头下饮水。

开放式饮水系统每天都要清洗饮水器 1 次，每 5 天用消毒液浸泡擦洗 1 次。封闭式饮水系统也要定期消毒。

雏鸡的饮水量随日龄增加而增加，在常温条件下，一般为采食量的 2 倍。但温度高时饮水量增加很多。当环境条件正常时，饮水量的突变多是疫病来临前的信号，要引起高度重视，积极采取相应措施。

（二）雏鸡的开食与饲喂

雏鸡第一次张嘴吃料即为开食。当雏鸡充分饮水 2 小时后，大部分雏鸡都安静下来，便可以开食。对无法及时开食、必须延迟开食的雏鸡，要科学掌握好开食量，千万不要使雏鸡因饥饿，而初次采食过饱，以免形成消化不良，对雏鸡造成伤害。

关于雏鸡开食料，有人习惯用泡过水的小米、碎大米或碎玉米，这样并不科学，因为单一饲料营养不全面，可能蛋白质太低，氨基酸不平衡，对雏鸡生长发育不利。但有时为防止育雏初期的营养性腹泻（糊肛亦称糊屁股），在开食时，每只雏喂几克小米、碎大米或碎玉米也可，但不要饲喂过多，仅仅几克足矣。开食料可以是破碎的颗粒料（碎屑料），也可以是粉料，将料撒在开食盘上任鸡采食，干粉料雏鸡头几天日采食不多，但几天后便可以适应。

开食后并非全部雏鸡都会采食，总有一部分雏鸡在群内乱跑，或者靠在一边不采食。这时不用着急，只要是正常鸡雏，都会在觅食雏鸡的示范带领下，逐步模仿学会采食。一般没有人工辅助采食和诱食的必要。但有时会因长途运输或其他强烈应激的原因，雏鸡入舍后不吃也不喝，形成所谓“硬口鸡”。这时要采取人工辅助饮水、诱食措施，必要情况下要逐只雏鸡人工滴服葡萄糖液，发生这种情况后，雏鸡成活率肯定要受到影响。

每天的饲喂程序可参见表 7－3，要注意不能让雏鸡每次采食过量，特别在喂湿拌料情况下，很易发生采食过量，如果用手摸雏鸡嗉囊感觉发硬，并歪向一侧，说明这时采食过量了。采食过量后易形成消化不良，并可能诱发下痢。可通过控制采食时间的办法来防止采食过量，一般每次饲喂 15～20 分钟便可，时间到就收起食具。对个别雏鸡可单独饲养，延长饲喂时间，以弥补个别雏鸡采食量不足。

表 7－3　建议的育雏期饲喂程序

日龄（天）	每天饲喂次数（次）	具体饲喂时间
1～14	6	5：00、8：00、11：00、14：00、17：00、20：00
15～28	5	5：00、8：30、12：30、16：00、20：00
29～42	4	6：00、10：00、14：00、18：00

要保持食具的卫生，逐步提高食具的高度使采食面与鸡背相平，这样可减少饲料的浪费，使雏鸡无法挑食与抛食（刨食）。在饲喂中要注意对鸡群的观察，在生产实践中，不健康雏鸡多在采食中发现，这些鸡采食不积极，吃几口就靠在一边，或干脆一口不吃，有些体弱雏鸡在采食中被其他雏鸡撞倒，不能马上站起来。对这些弱、残雏鸡要挑到隔离栏中，对无饲养价值的雏鸡最好处理办法就是淘汰，因为这些体弱雏鸡易感传染病，存在于鸡群中对健康鸡是一种潜在的威胁。

六、断　　喙

断喙，群众形象叫做“切嘴”。由于鸡的上喙有一个小弯弧，这样在采食中很容易将饲料刨到食具以外，造成饲料浪费。另外，当育雏室内温度过高、舍内通风不畅、鸡群密度大、舍内光照强和饲料营养不平衡时，会形成啄癖，鸡只互相啄鸽，互啄的形式是啄羽、啄肛、啄趾等，啄癖一旦发生，鸡群将骚动不安，死淘率明显上升，如不采取措施，将对生产造成巨大损失。

养蛋鸡，特别是笼养蛋鸡，断喙是必需认真实施的管理措施，对散养鸡要考虑鸡以后的自主觅食能力，断喙所要断掉（切除）的程度与笼养蛋鸡要有所不同，但在散养蛋鸡育雏期，断喙是属于必需进行的管理项目。

（一）鸡断喙适宜的日龄

雏鸡断喙适宜日龄是 7～10 日龄，因为这时雏鸡耐受力比初生雏要强得多，并且体重不大，抓鸡、单手持鸡都不困难，断喙操作起来易于实行，并且这时止血效果也较理想。对初生雏过于早期断喙，实际效果并不理想；过晚断喙，对止血不利，并抓鸡、单手持鸡都有困难。但不等于说错过 7～10 日龄，断喙就不行，只是效果要差些。

（二）断喙使用的工具

断喙使用的工具最好是专用断喙器，它有专门调节温度的装置。对 7～10 日龄雏鸡断喙时，刀片温度调节到 700℃即可，这时可见刀片中间一小部分发出樱桃红色，小日龄雏鸡采用过高的刀片温度，将对喙组织造成不可修复的伤害，并且终生影响该鸡的生产性能。也可以采用 200 瓦以上的电烙铁来灼烙。条件更简陋时，可用烧红的铁条或直接在烧红的铁炉壁上灼烙。

（三）断喙的要领

断喙要领是左（右）手握住鸡雏，右（左）手拇指与食指卡住鸡头部，持鸡时使鸡的身体后部要稍高于头部，这样持鸡目的是为使上喙切除部分大于下喙。一般情况下，7～10 日龄雏鸡上喙切烙掉约 2 毫米的长度，下喙仅尖部被烙了一下，当然日龄大的鸡断喙，这个切烙长度是不行的，要随日龄变化，调整切烙长度。先切后烙，切后要在刀片上灼烙 2～3 秒钟，有个别出血鸡，可再次灼烙并稍延长时间，直到出血被完全止住。

断喙工作是一项技术性很强的工作，要控制好工作节奏，不要试图太快，一般掌握在每小时断 400～500 只雏鸡，因为过快节奏将导致断喙质量不佳。最好在每天工作结束前半小时停止断喙工作，余下时间在育雏舍认真检查断过喙的雏鸡，当发现喙有出血或喙尖粘有饲料的雏鸡，都要抓回逐一认真灼烙止血。

（四）断喙时的注意事项

被断喙鸡群必须是健康无病鸡群。断喙前后各 2 天（共 5 天），在雏鸡日粮中每千克饲料中按 4 毫克添加维生素 K_3。断喙后雏鸡会稍有不舒服，这时饲料要比通常多加一些，以避免鸡采食时喙尖碰撞食具底部。

七、雏鸡的日常管理

（一）温度的调节

前面给出了供温程序，有经验的育雏人员并不注重育雏舍内温度计上所表示的数值，而是从雏鸡表现上来决定对温度的调节。

1. 当温度适宜后，雏鸡分散自如，采食后，饮些水，便开始了休息，最佳的休息姿势是伸腿侧卧，半躺在垫料上，人看后有一种懒洋洋的舒服感。这时鸣叫声音不大，听后让人感到和谐。

2. 当环境温度过低后，雏鸡会自动聚到热源周围集中扎堆，这时雏鸡会发出一种连续不断的啼叫声，人听后有烦躁感。用手触摸鸡脚，明显感到鸡脚发凉，没有温度感。夜间长时间连续低温，雏鸡会因挤压而造成伤亡，因这种原因死亡的鸡雏，在喙基部出现深紫色（血凝色）。

3. 当环境温度过高后，雏鸡会远离热源，张嘴直喘，将翅膀伸开下展，力图散出体热；并且雏鸡会频频饮水，这时应马上调低温度。

4. 当育雏舍某一部位有贼风时，雏鸡在舍内分布不均，出现某一区域没有雏鸡或仅有几只雏鸡，这时用水将手指弄湿，哪个方向有贼风，手指哪面便感到凉爽，很容易就找出贼风来源。堵住贼风后，雏鸡就会重新分散自如。

有些养鸡人有时发现温度计表示温度数值挺高，但雏鸡还是表现温度低。这多半是温度计读数不准或悬挂位置不对，正确温度计测温方式是用绳悬挂起来，将感温点与鸡背高度相一致，这样才能反映出雏鸡真实感到的温度。

环境温度与鸡体温的调节，营养物质的消化吸收、鸡对外界应激的抵抗力等都有关。育雏期要求温度变化平稳，逐步脱离供温。当阴雨天或大风天要适当增加温度，夜间应比白天温度稍高一些。在外界自然温度与育雏舍内温度基本吻合后，可停止供温。但脱温后又有寒潮、冷空气侵袭，还要适当供温。在脱温的最初几天夜间一定要注意观察鸡群，以免发生不应有的损失。

（二）免疫接种与防病

详细内容见本书的疾病防治和保健部分。

（三）雏鸡死亡原因的分析

雏鸡由于体小、抗病力弱、对外界不良环境条件的适应能力差，在大群饲养条件下，很少能达到100%成活。造成雏鸡死亡的原因很多，但基本上可分为两大类，一类是因病死亡，另一类是意外原因导致死亡。

防止雏鸡病死，主要靠加强饲养管理，采取严格的防病措施。首先要在引种时把好关，防止病原从引种时带入场内。要搞好环境卫生，育雏的食具、饮具要清洁卫生，育雏舍内空气清新良好，要严格消毒措施，实行封闭式育雏，饲料配制要科学合理，饮水要清洁卫生，要适时接种疫苗，要防止因营养缺乏症而引发的啄癖。

防止雏鸡发生意外死亡，要靠平时加强管理。要彻底堵好鼠洞，在所有通风处加装防护网。造成挤压死亡的主要原因，是育雏时温度低或鸡群受惊而相互集群挤压，要满足雏鸡对温度的要求，保持舍内安静，防止鸡群受惊。啄死也多见于3周龄后，发生原因很复杂，但营养不平衡或外界应激因素刺激太强是主要原因，最好防止办法是断喙。人为地踩压致死多是由工作中责任心不到位所致。

多方面的因素都可能造成雏鸡死亡。雏鸡本身的体质、孵化的技术水平、饲料营养水平、环境条件、管理因素、疾病和育雏人员的责任心都是主要原因。一般讲，当初生雏质量有问题，多数死亡发生在育雏初期，有人统计，因脐炎造成死亡的50%发生在头3天中，造成死亡的92.3%发生在头10天中；雏白痢造成死亡的87.9%发生在头7天中。由于育雏中温度控制不当，造成的死亡也多数发生在头10天中。由于饲料营养不平衡造成的死亡，多发生在育雏的2～4周内。

可以讲，严格的消毒和疫病控制措施、全价平衡的营养、适宜的环境条件加上质量优良的雏鸡，是获得理想育雏效果的基础。

（四）日常记录报表

为了总结经验，搞好育雏工作，每批次育雏都要认真记录，在育雏结束后要系统分析。经验表明，很多问题由于有了详尽的记录，使其解决成为可能。有人不重视记录，出现问题后找不到根源，下一批次可能还会犯类似错误。

记录内容有：鸡舍每天的温度、湿度、光照时数和通风换气情况；每天鸡只的存栏数、死淘数和原因；每天鸡的采食量和采食情况；每天鸡的饮水量和水质情况；每次免疫接种疫苗的品名、种类、批号、生产厂家、免疫方法、剂量和价格；每次投药的药品名称、产地、厂家、批号、剂量、用法和价格；每周末鸡的体重情况；日常发生的其他情况，如鸡呼吸情况、粪便颜色和形态、应激状况、水、电、暖供应情况等。

第八章 育成鸡的散放养

一、散放养的准备工作

（一）放养地的选择

在前面场址选择中对放养地选择提出了基本要求，值得注意的是，在丘陵和山地放养时，要选择地势较高、背风向阳之处，并要考虑周边地质构造情况，要避开坡度和谷口，要考虑到滑坡、塌方和泥石流可能发生的情况。另外放养地要有充足并且优质的水源。

放养地的土质最好是沙壤土，并且土质应满足地表植被生长的需要。放养地的地形应尽量开阔，不要过于狭长或边角太多；如果放养地面积较大时，可根据饲养量划分成若干个小区，从经验上看，每小区面积以 6 667～10 000 米^2（10～15 亩）为宜，因为绝大多数散养鸡采食活动的半径处于此范围内，并且正常人视力可及，便于管理。

（二）搭棚建舍

因饲养目的不同，棚舍建造的标准和形式也不相同。如果仅在夏秋季节为放养鸡提供遮阳、挡雨、避风和晚间休息的场所，可建成简易鸡舍（鸡棚）；如果要在放养地越冬或产蛋，多数要建成普通鸡舍。

无论建造什么形式的鸡舍，在建造初始就应考虑在以后的使用中，要便于卫生管理和防疫消毒。所以舍内地面要比舍外地面高 0.3～ 0.5 米，并在鸡舍 50 米范围内不要有积水坑。如果是普通鸡舍最好建成混凝土地面，简易鸡舍多是土地面，可在其上铺垫适当的沙土。有窗鸡舍在所有窗户和通风口要加装铁丝网，以防止野鸟和野兽进入鸡舍。

简易鸡舍的建材可用砖瓦、竹竿、木棒、角铁、钢管、油毡、石棉瓦、篷布、塑编彩条布、塑料薄膜等，也可用塑料薄膜大棚直接作为简易鸡舍。普通鸡舍建材多用砖瓦，现也有用彩钢板的框架结构。

一般一栋鸡舍面积不要太大，一般以 40～75 米^2 为宜，每栋养 300～500 只青年育成鸡或 200～300 只产蛋鸡。多数采用跨度为 4～5 米，高度 2～2.5 米，长度 10～15 米的建造规格，棚舍内设有栖架，每只鸡占有宽度不少于 20 厘米栖木位置。每隔 150～200 米根据周边植被生长情况决定放养舍的间距。有一点要注意，放养舍的间距不要过近，多数初次养散养蛋鸡的人，都犯一个带有共性的错误，过高设计了散养蛋鸡的容鸡密度，没有考虑到周边植被应有的恢复期。

（三）确定放养日龄与适应性训练

决定本批次鸡群开始放养的日龄取决于很多因素，但是最关键一条是外界环境温度，只有雏鸡在脱温管理后，才可能涉及放养问题。一般蛋鸡春季或夏季育雏，初始放养日龄为 30～50 天。

从育雏舍转群到放养地，外界环境条件发生了巨变，鸡群能否适应这种变化，很大程度上取决于放养前的适应性训练。要在育雏后期，逐步调整降低育雏舍与外界环境间的温差，使雏鸡逐渐适应舍外的气候条件，对鸡群要适当进行变温和耐低温训练。

在饲料方面，要考虑放养后，鸡要采食大量青绿饲料和昆虫虫体的特点，有目的地在育雏后期饲料中加入青菜和青草，有条件的鸡场还可添加虫体饲料（蚯蚓、蝇蛆、黄粉虫等），使鸡的采食习性和胃肠得到应有的适应性训练。但要注意青绿饲料的添加量，应有一个从少到多的逐步增加过程，以防止一次性采食过多后，所引发的腹泻。一般从经验上讲，在放养前的最后阶段，在饲料中可有50％的青绿饲料（鲜重）。

还要训练雏鸡的活动量，因为从育雏舍有限的活动量，转为放养后，活动量呈几何级数增长，很容易使雏鸡因活动量大而诱发疾病和造成疲劳。

确定放养日龄，还要看雏鸡生长发育情况、羽毛生长覆盖情况、放养地的植被生长情况等，最后综合考虑后而确定。

二、散放养的管理

（一）放养密度

放养密度是一个动态指标，它因地而异、因鸡而异、因时（季节）而异。首先放养地的植被情况决定了放养密度，植被情况（品种和数量）良好，放养密度可大一些。根据经验，一般每100平方米草场面积可放养5只左右，稍好点的草场可放养8只左右，最好的草场也不能超过12只，某些次一点草场也就放养3只，有些植被很差的草场仅能放养1只，荒漠化草场连1只也做不到。

在刚刚开始的放养初期，因鸡的体重很小，采食量也不是很大，放养密度可高一些；随鸡体重的增加，采食量加大，鸡自主觅食半径的增加，放养密度也要随之下降。确定放养密度还要考虑季节因素，早春与初冬季节，地表上绿色植被很少，这时的放养密度要降下来；反之在夏秋季节，植被丰富，昆虫也处于生长繁殖的旺季，这时的放养密度可相应提高。

（二）分群

分群是散养蛋鸡管理中重要一环，是散放养管理的基础。在

管理学上有一个重要原理是“分而治之”，同样原理也适用于对散放养鸡群的管理。

不同品种、不同日龄、不同体重、不同生理阶段的鸡，其营养需要、管理方式、喂饲类型和疾病发生的种类与特点都不尽相同。如产蛋鸡饲料中需要高量的钙，将产蛋鸡料用来饲喂雏鸡和育成鸡肯定要发生问题；反之若用雏鸡饲料长期饲喂产蛋鸡，则会因钙摄入不足而产软壳蛋，并会因蛋白质摄入过多而引发痛风。

特别是有些传染病，若大小鸡混养，则相互传染，并形成斩不断的感染链，最终导致全群疾病暴发，而结局无法收拾。应确保做到，每一个散放养舍的鸡同时来自同一育雏舍，只有这样才能提高成活率、生长速度、饲料转化率和生产性能；才可能充分利用自然资源，最大限度地提高劳动生产率。

群的规模大小，以 300～500 只育成鸡或 200～300 只产蛋鸡为宜。经验表明：若群体过大时，在有限面积的放养地上饲养过多鸡只后，很容易造成过牧情况，植被会因恢复期不足而生长不佳，由于草不好，昆虫自然也少了，使得鸡群在野外通过自主觅食活动而获得营养不足，一条完整的生态链出现了断裂。为弥补鸡的采食不足，人们被迫要增加人工补饲的饲喂量，过多的补饲对鸡形成采食依赖性，使鸡只仅在鸡舍附近活动，不愿意走得更远，这样便进入一个恶性循环圈，最终使鸡的生长和产品品质都受到影响。

在相对小的范围内有过多数量的鸡同时在活动，这背离人们对鸡散放养的初衷，并会因密度过大，使得疾病得以传播，还易引发鸡只相互间的啄癖与打斗。分群工作是散放养管理的基础，若一开始便偏离正确方向，肯定会使后期的散放养工作进入歧途。许多形式上的散放养蛋鸡，而实质上的“散喂养”蛋鸡，多数与容鸡密度计算设计上的失误、散放养舍设计与建造不当、分群管理操作失误有关。

（三）散放养初始期的管理

从育雏舍转群到野外放养，对鸡来讲是一个重大的转变；是使鸡从所熟悉的生活环境转到一个完全陌生的新环境，对鸡来讲，是从料来张口、到时间有人拿饲料来喂，到靠鸡自己觅食谋生的转变。

由于转群、脱温、环境条件巨变、饲料组成性质变化等众多应激因素相互交积重叠在一起作用，极有可能对鸡的免疫力造成影响，为避免放养初期多见的应激性疾病，可在开始放养的最初10天，在补饲的饲料中或饮水中加入适量的维生素C或复合多维电解质。在前面涉及了放养前的适应性训练，这是一个必不可少的环节，如果放养前期准备工作做得到位，并且散放养初始期管理恰到好处，则鸡群会很快逐步适应变化了的新环境。

转群日要选在风和日暖晴天的夜里进行，在弱灯光下，抓鸡装车运到放养舍，使鸡群在放养舍过夜，第二天天亮后，不要急于开门放鸡，要让鸡熟悉所在的新居和周围的新邻居（其他的鸡）。将原食具添好饲料后，放在舍外5米远处，到10点左右，太阳光要正直时再放鸡。开始前5天的饲料配方要与育雏后期的配方相一致，不要有任何变化。让鸡自由觅食饮水，注意不要使鸡受到惊吓。最初几天，散放养时间要短，以后逐日增加，为防止个别鸡只走失找不回群，可暂设围栏，并随日龄变化不断扩大围栏的面积。在5～10天后饲料的配方和饲喂量都要逐步调整，促使鸡逐步适应自己去觅食。

（四）调教

调教是指在特定环境条件下，在鸡的饲养管理工作进行中，对鸡同时发出特定的信号（或称之为指令），逐步使鸡形成条件反射以至产生习惯性的行为。

鸡具有顽固性，也有可塑性。特别在雏鸡阶段，其学习模仿

能力较强，所以从小鸡阶段开始调教较易进行。对散养鸡群调教的内容有：饲喂、饮水、出牧、归巢（回舍）、栖木和紧急避险等。

蛋鸡散放养是一个群体活动过程，既然是群体活动必须要有秩序，不然则会乱成一团。在特殊环境条件时，如遇不良气候（下雨、刮风、下冰雹）和其他动物侵入时，更显出了调教的必要性。饲喂与饮水的调教应尽早开始。在育雏期就要进行，并在放养过程中加以强化，逐步形成条件反射。以饲喂为例，调教前让鸡群有些饥饿感，在开始给料前，给予一定的信号，一般以一种特殊声音为信号，这种声音可传得很远，但不应引起鸡群惊恐，实践中多用吹哨或敲击金属物而发音。一边喂料，一边发出信号，同时将抛料的动作尽量让鸡看到，以便形成听觉和视觉的双重信号，加速条件反射的建立。一般有 3～5 天便可形成条件反射。

有些选育品种的鸡种，因只注重生产性能选育，而自主觅食能力退化严重，尽管远处有丰盛的草虫食物，它们宁可挨饿也不自主觅食。这时要进行出牧调教。一人在前慢步引导，并不时抛洒少量饲料做诱因，口中也发出语言指令（走、走、……）；另一人手持长杆在鸡群后，慢步轻轻舞动长杆驱赶鸡群，口中也发出语言指令，直至鸡群到达食物丰盛的草地，如此几回，鸡群便习惯远出自主觅食。

鸡的本性是晨出而暮归，但个别鸡不能按时归巢，多因外出过远，迷失了方向，找不到归程，所以在黄昏前，如有鸡仍在觅食，可用信号引导归巢。鸡是禽类，择木而栖也是其天性之一，有时因舍内栖木位置紧张，有的鸡抢不到合适的栖木位置，而在地面上卧地过夜，长期卧地休息易诱发疾病，并且地面上寄生虫种类较多。所以开始放养后，头几天夜里要到放养舍夜巡，有卧地鸡抓到栖木上去，连续几日调教后，每个鸡都有自己固定的栖位后，鸡就会按时自寻栖位了。

（五）补饲

对蛋鸡的散放养一定要补饲，因为仅仅依靠鸡自己的野外觅食活动，是无法满足鸡生长发育的需要。在北方即使在外界虫草条件最佳的5、6、7、8、9、10几个月份，也要适当进行补饲，通常情况下这时的补饲量约占鸡营养需要总量的50%以上，而在北方虫草条件最差的12、1、2、3月份，补饲量就几乎等于鸡营养需要的总量。

补饲量应根据鸡的日龄、鸡群生长发育情况、外界虫草条件、天气情况等因素，综合考虑后而制定。每天的补饲次数建议为1次，如果每天多次补饲，鸡则不愿意到达远处去觅食，而总是在鸡舍补饲点附近徘徊游荡，等待人们对其的喂饲，长此以往，鸡会形成等、靠、要的依赖行为。但在刮风、下雨等极端气候条件时，因鸡无法在外界充分觅食，则应临时增加补饲次数与补饲量。

每天的补饲时间选择在傍晚前效果最好，因为早上补饲，肯定影响鸡的自主觅食性；在傍晚补饲时配合调教信号，可诱导鸡只按时归巢，减少夜宿舍外鸡的数量；并且鸡在黄昏前有一个采食高峰，可在短时间内将补饲料采食干净，避免了饲料的浪费；还可在补饲前根据当日鸡群的采食情况，从鸡嗉囊的饱满程度和采食的食欲表现，来确定当日的补饲量。

所投放的补饲饲料形态有原粮、粉料和颗粒料三种形式；原粮鸡喜欢采食，并且浪费少，但营养价值不平衡。粉料营养价值相对平衡，但适口性差，鸡采食中浪费多，特别在有风的条件时，浪费更多，并且必须有相应食具相配合。颗粒料适口性好，营养价值平衡，鸡采食快，不易造成饲料浪费，并避免了鸡的择食行为，但颗粒料加工成本高，每千克要增加0.1元左右成本，并且在制粒过程中，维生素的效价受到一定程度的破坏。具体选用什么形式来补饲，应根据各场的具体情况来决定。

（六）诱虫

在散放养鸡的管理工作中，诱虫是一项重要内容。诱虫可为鸡群提供一定数量的动物性蛋白质，这样降低了养殖成本，提高了养殖效果，同时所产的产品（鸡蛋和鸡肉）质优价高，深受消费者所青睐。生产实践证明，鸡采食一定数量的虫体饲料后，则生长快、发病率低、成活率高，并对某些特定的病种（如鸡马立克氏病等）产生一定的抵抗力。

诱虫可用两种方法，灯光诱虫与性激素诱虫。灯光诱虫又细分为黑光灭虫灯诱虫与高压电弧灭虫灯诱虫两种。

黑光灯可发出波长 380 纳米的光波，大多数昆虫对波长 300～400纳米的光波极为敏感，有趋光性。利用昆虫的趋光性，在夜里开灯，昆虫飞向黑光灯，碰撞到灯，撞昏后落入灯下的虫体收集袋，第二天将袋中昆虫喂鸡。如果结合在果园或作物田里诱虫灭虫，可减少害虫的田间密度，降低农药的喷洒数量与次数，是生态种植与生态养殖的有机结合。

黑光灭虫灯电源为普通的 220 伏交流市电，使用中要注意用电安全，避免触电。灯泡瓦数为 20 瓦、30 瓦、40 瓦、150 瓦等数种。安装时要有塑料防雨罩或玻璃挡虫板。一般每隔 200 米安装 1 个灯，可先竖起 1 个杆子，然后将灯吊在杆子 2 米左右高的高度，要安装牢固，灯不能在风中摆动。在天黑后开灯，刮风天、下雨天、气温突降天不必开灯，雨停后 2 小时再开灯；一般高温天、无风天的夜间昆虫较活泼，从有关报道看，在 20 时至翌日 0 时开灯，诱虫效果最佳。

高压电弧灭虫灯以高压电弧发出强光，可将附近 2 000 米内昆虫吸引过来，灭虫效果好，但所耗电能多，灯泡功率一般为 500 瓦，所用电源也是普通 220 伏交流市电。

性激素诱虫是利用人工方法制成的雌性昆虫性激素信息剂，诱使雄性成虫来交配，在四面八方的雄性成虫飞来后，由于乱飞狂欢而坠入盛水的诱杀盆而被淹死，这些淹死的雄性成虫则成为鸡的好饲料。性激素诱虫效果受多种因素所影响，如性诱激素信息剂的专一性、靶昆虫种群的田间密度、靶昆虫的搜寻（可嗅到性诱剂）距离、诱虫当时的环境（温度、风速和当地植被种类等）。

（七）防止意外伤害

在鸡群除了因传染病原因造成的死亡外，在广义范畴上其他死亡都可以看做是意外伤害，因为从某种意义上讲，这些死亡都是可以人为避免的。只要采取了科学合理的管理措施，很多死亡都是不应该发生的。

在没有经验的散放养鸡场，最常见错误是鸡群组群过大。当鸡群体大时，在遇到寒冷天气和应激情况，鸡的天性是集群扎堆，如不及时分拨开，很容易造成挤压在中心底部的鸡只发生死亡，其死亡原因无一例外，全部都是窒息而死，这种情况在没有管理经验的鸡场中时有发生。

还有就是暴风雨天，遇有这类天气，最好措施是不放鸡出舍，或在暴风雨来临前用调教信号及早将鸡群召回。还有的鸡场，调教工作不到位，也没有采取先近后远、逐步扩大放养范围的渐进措施，而是鸡群转群后直接放养，结果是鸡越养越少，也找不出鸡只数量减少的主要原因。

另外，在果园、农田里散放养鸡，也有因农药中毒造成死亡，这些都是管理不到位造成的。还有一大类原因是兽害，主要是老鼠、老鹰、食肉小动物（黄鼠狼、山狸子、野狐狸等）和蛇。老鼠特别对散放养初期的鸡有较大的危害性，因为这时的鸡体小，防御能力差，避险经验不足，很容易受到老鼠的侵袭。对老鼠可用鼠夹、灭鼠工具、投毒饵、找鼠洞灌水或养鹅驱鼠等灭鼠、驱鼠诸法。老鹰属益鸟，可灭鼠捕兔，对维持草场生态平衡起重要作用，是草场的保护神；但在草场散放养蛋鸡过程中，老鹰具有一定的威胁破坏作用。老鹰属于受保护的野生鸟类，对它只能驱赶，绝不可捕杀。对老鹰可用两响鞭炮驱赶、人工挥物驱赶（在人工驱赶时有牧羊犬配合效果更好）、扎稻草假人恐吓、用罩网法恐吓等多种办法。一般讲老鹰活动领域相对固定，其他老鹰不会进入不属于自己的领域，只要对老鹰有过几次有效驱赶、惊吓后，多数老鹰便不敢轻易再闯入鸡的放养地。黄鼠狼是野生食肉小动物的代表，对其可用捕捉法、猎狗追踪法或养鹅驱避法等。蛇也是散放养蛋鸡的天敌，特别在南方各省它的危害作用更大，可用捕捉法或驱避法，养鹅驱蛇也是一个不错的选择。

（八）日常管理

散放养蛋鸡的日常管理工作内容很多，有人认为散放养鸡很简单，只是到时间喂一下料，其他没有什么，其实仅仅是供给饮水就不是一件轻松的工作。

尽管鸡在野外的采食活动中，摄入了大量青绿饲料，但也必须给鸡提供清洁的饮水。多数鸡场采用异地拉水方式来解决供水问题，最好采用乳头式饮水器，因为它既清洁卫生，又节省水，在冬季要注意饮水结冰问题。

另一个重点问题是暴风雨或冰雹等极端气候条件下的管理，在实际生产中，因极端气候条件所造成的死亡，在死亡总数中占有一个相当大的比重。鸡一旦被雨淋透，成了落汤鸡，必然全身打战发抖，因为雨后必降温，而湿的羽毛也会吸收大量体热，这时的落汤鸡很容易诱发感冒和其他疾病。若有落汤鸡应马上放入温暖环境条件下，使羽毛快速干燥。最好的方法是前面所述，鸡散放养时要尽量避开极端气候条件。

鸡有顽固性一面，如果它适应了环境，不论鸡舍或食具发生任何变化，都会对鸡造成影响。举一个例子，如果将原鸡舍拆掉，而在另一个位置上建造一个舒适的鸡舍，这时绝大多数的鸡会在原鸡舍旧址附近咯咯叫，宁可风餐露宿，承受恶劣的环境条件，也不肯到新鸡舍过舒适生活。在散放养初期，有些鸡在野外找到它认为理想的夜宿地，如果连续 3～5 天无人管理把它抓回，这只鸡可能就此开始夜不归宿，终生在此处过夜。这种情况下很容易被食肉小动物所伤害。

对鸡群进行细致的观察是日常管理中的重要一环，通过观察能随时掌握鸡群的健康情况，发现问题，及早处置，把问题处理在萌芽状态。健康鸡羽毛整洁，精神饱满，鸡冠与肉髯鲜红，而病弱鸡羽毛不整，凌乱不堪，冠髯苍白，低头垂翅，精神萎靡。健康鸡采食积极，病弱鸡体重轻，没食欲。健康鸡粪便成形，其上附有白色尿液，如果有 1/5 的鸡排酱色便，这是盲肠粪便属正常。病弱鸡排便稀且不成型，颜色也不正常。晚上关灯后，细听鸡的呼吸声，若有呼啦呼啦等异常声音，说明有呼吸道疾患。所以看似微小的管理工作，其实都与生产实际工作紧密相连，管理工作中任何失误，都会对生产造成损失。

第九章 产蛋鸡的散放养

产蛋期鸡的散放养管理工作与育成鸡散放养工作有很多相同之处，其本质是育成鸡散放养管理工作的继续与发展，但因有产蛋这一生产内容，管理上也有许多不同的要求，主要有下面几点。

一、产蛋前与产蛋初期的管理

产蛋前的过渡准备工作、产蛋初期的良好衔接、产蛋高峰的细致管理，是关于整个蛋鸡散放养工作能否取得经济效益的关键阶段，如同一个完美的接力比赛，一棒接一棒，而生产管理上一环扣一环，稍有疏忽都会对生产造成影响。

（一）体重调控

在产蛋前要通过分群、饲喂控制、单独补饲等多种技术手段，将全群的体重调整为大致相同，结合所饲养品种的体重要求，使全群基本达到本品种要求。一定要注意使开产前的鸡有相应的体重，生产实践中多有因管理不善而造成早产，早产的鸡产的蛋肯定不会达到标准，还会因早产造成体衰，后期的产蛋性能肯定不好。

（二）体脂储备与饲料配方调整

开产前的鸡体内要沉积体脂肪，一点脂肪贮备都没有的鸡是不会开产的。这时补饲饲料的配方，要根据鸡群的实际发育情况做出相应调整，增加饲料中钙的含量，必要时要增加能量与蛋白质的营养水平。一般发育正常的鸡群在 20 周龄左右要进入产蛋期，从 19 周龄（或全群见到第一个鸡蛋开始）将补饲日粮中钙的水平提高到 1.8%，过一周调到 2.5%，再过一周调到 3%，以后根据产蛋率与蛋壳的质量，来决定补饲日粮中钙水平是维持还是调整。

（三）准备好产蛋箱

开产前要准备好产蛋箱，大体上按每 5 只产蛋母鸡配备一个产蛋位。产蛋箱数量不足时，必然会发生母鸡争产蛋位现象，有时母鸡会因争产蛋位而引发争斗，争不到产蛋位的母鸡必然要去寻找产蛋处，这样有两点不利之处，一是增加窝外蛋的数量，二是窝外蛋会引发鸡群的食蛋癖，一旦鸡群形成食蛋癖，将会给生产造成重大损失。

产蛋箱应尽可能摆放在舍内幽暗处，诱导与训练母鸡使用产蛋箱是一项重要工作，在前面讲过鸡有顽固性，鸡一生中前几个蛋产在什么位置，可能终生的蛋都会产在同一位置上，在舍内常见有同一产蛋位几个鸡同时在争，而附近的产蛋位则空闲在一边的现象，所以必须认真诱导与训练初产母鸡在产蛋箱中产蛋。

可在产蛋箱中放入空壳鸡蛋或乒乓球等蛋状物，诱使初产母鸡进入产蛋箱产蛋。每天早上天亮到上午 10 点钟是产蛋母鸡寻巢下蛋的关键时刻，在开产初期，饲养管理人员一定要天天在这个时间段内，在舍中巡视，人员的来回走动，促使初产母鸡为躲避人员而进入产蛋箱，因为母鸡产蛋时要有安静的环境，不希望被人员或其他鸡所看到。饲养人员在巡视中，可发现在各个角落（一般是在光线幽暗处），有准备就巢产卵的母鸡，这时应小心将母鸡抱入产蛋箱中，必要时要对产蛋箱出口进行适当遮挡，以使初产母鸡熟悉和适应这个产蛋环境，通过若干次人为干预后，母鸡就会习惯在产蛋箱中产蛋。

（四）产蛋鸡的光照

在蛋鸡散放养中有人忽视了光照问题，其实对所有禽类，每日的光照时数和光照强度对性成熟、排卵与产蛋都起决定性作用。过去家庭式的散放养鸡，由于不对光照控制，鸡的产蛋随季节而变，同多数野生禽类一样，春季产蛋、夏季抱窝、秋季换羽、冬季停产。要想获得高的产蛋量，散放养蛋鸡必须进行光照控制与人工补饲。总的光照原则是，自然光照不足时要人工补光，在鸡的育成期光照不延长，产蛋期光照不减少，产蛋高峰期光照时间控制在 16 个小时左右。补光操作可在晚上一头补，也可以早晚两头补。制定好光照程序后，不能轻易改变。

二、蛋鸡的补饲

散放养蛋鸡要获得好的经济效益，必须进行补饲，特别在产蛋阶段，鸡所需的营养多，适当补饲后，可增加蛋的产出量，提高整体的经济效益。确定产蛋鸡补饲方案应考虑鸡的品种、鸡所处的产蛋阶段和当时的产蛋率、散放地草虫资源等有关因素。

（一）补饲量与品种有关

一般讲选育程度高的配套系蛋鸡对散放养的自然条件适应性差、自主觅食能力低，但产蛋量又高，所以补饲量多；而土种鸡则相反，所以在饲养土种鸡时补饲量与补饲料的营养水平都可以相对低一些。

（二）补饲量与鸡的生理状态有关

在产蛋高峰期鸡所需要的营养多，所以补饲量自然要多。但同是高峰期，不同鸡群的产蛋率，同鸡群中的不同鸡只产蛋率也不相同，有时两者相差悬殊，好的可能高过 80％，次的可能连 40％都达不到，所以对不同鸡群的补饲，要有不同的方案。

（三）补饲量与外界环境条件有关

外界草虫资源条件和鸡群的散放养密度也与补饲有关，在草虫资源条件好、饲养密度合理时，可适当减少补饲量。

（四）具体补饲操作

对产蛋鸡在生产实践中，可依据以下具体情况，灵活掌握补饲量与补饲料的营养水平。

1. 根据鸡群的食欲表现　在傍晚补饲时如果鸡只表现食欲旺盛，低头忙碌抢食与采食，可适当增加补饲量，反之若表现为争抢食不积极，可适当减少补饲量。

2. 根据夜间抽测鸡体重情况　如体重稍有增加说明补饲营养水平适当，补饲量恰到好处；当鸡体重增加过快时，说明补饲料中能量水平过高或补饲量过多，可适当降低补饲料中的能量水平与适当减少补饲量。

3. 根据鸡群的产蛋表现

（1）首先看全群产蛋率，开产后产蛋率上升较快，70～80天内达到产蛋高峰（注意散放养蛋鸡正常情况下产蛋率要比笼养鸡低5%～10%），说明补饲料的营养水平与补饲量适当，当产蛋率上升慢，并出现上下反复波动，有时甚至出现下降，说明在补饲或其他环节上出现了问题。

（2）看蛋重增加情况，正常鸡只开产后，蛋重要随日龄增长而缓慢增加，当蛋重达不到本品种要求而过小时，多是管理不善，补饲不到位，营养摄入不足。

（3）看每天的产蛋时间分布，正常鸡群在每日正午前，80%的当日应产蛋鸡都会产完蛋，如果观察到下午产蛋鸡产蛋较多现象，多半暗示补饲有问题。

对散放养蛋鸡的补饲管理，标志着饲养者的技术水平，与本养殖场的经济效益息息相关，散放养蛋鸡的饲养成功与否在此。

三、鸡蛋的收集

散放养蛋鸡产的蛋内在品质好，但另一个不可忽视的问题是，散放养蛋鸡产的蛋，窝外蛋多，破碎蛋多，脏蛋（沾有垫料、鸡粪、血污等）多，特别在管理不到位时，蛋品受到了污染，极大地影响蛋的外观与内在品质，使蛋的保存天数（货架寿命）减少，对生产和销售造成损失。

（一）在开产前将产蛋箱直接放在地面上

这样鸡可较易熟悉产蛋环境，并避免鸡在产蛋箱下阴暗处筑巢产蛋现象；随着鸡对产蛋环境的适应，在产蛋高峰后再将产蛋箱逐步提高，一般可离地面 30 厘米高左右，因为这时鸡只形成在产蛋箱产蛋的习惯，便不会在地面上产蛋了。

（二）产蛋箱内垫料与管理

蛋箱用的垫料可用稻壳或铡短的麦秸与稻草，垫料厚度为蛋箱挡板高度的 1/3 即可，垫料要定期添加与翻动，并及时剔除其中的粪块、羽毛、异物、受潮与结块的垫料，要时刻做到产蛋箱内垫料干燥、清洁、无粪块。

（三）集蛋

集蛋是否及时，事关蛋的污染程度和蛋的破损率，当然最好方式是蛋产下后，马上被收集起来，但在生产实践中，这是做不到的。因为正常情况下，大多数鸡应在上午产蛋，所以在集蛋时间与次数分配上，应以上午为主，一般在高峰期上午要集蛋 3 次，下午集蛋 1 次。在下午集蛋后，将产蛋箱内仍趴着的鸡抱出，关闭产蛋箱，第二天早上开始光照后，及时将产蛋箱打开。

（四）鸡蛋的处理

集蛋前要用0.1%新洁尔灭液洗手，集蛋时要将净蛋、脏蛋分盘摆放，在集蛋过程中要进行第一初选，将裂纹蛋、沙皮蛋、钢皮蛋、畸形蛋（过大、过小、过圆、过扁、双黄、皱纹）剔出摆放。对轻微污染的脏蛋，有人习惯用湿毛巾将蛋表面上的污物擦掉，这是一种错误处理脏蛋的做法，因为在涂擦的过程中，湿毛巾中的水分破坏了鸡蛋表面的保护膜，使得鸡蛋更易加速变质。正确处理轻微污染脏蛋的方式是，用小锯条或小刀或细砂布将污物轻轻刮除，并对刮涂处用0.1%百毒杀进行消毒处理。

四、冬季的管理

北方的冬季，不管是草场、果园、棉田、林地、山地都没有什么鸡可以采食的食物，如果继续散放养，可能因鸡营养上的负平衡而停产，因此建议冬季要进行舍饲或笼养。

（一）建棚入舍

大多数鸡场冬季在鸡舍阳面搭建塑料薄膜大棚，作为鸡的运动场，同时通过塑膜大棚来增温。冬季蛋鸡的补饲量几乎就是鸡的营养需要量，如果没有充足的营养供给和适宜的光照刺激，产蛋鸡在冬季一定是要停产的。

（二）饲料配方的调整

散放养鸡产的蛋内在品质好，其主要指标就是蛋黄颜色黄、蛋内胆固醇含量低、蛋内磷脂质含量高。为保证冬季所产鸡蛋的品质不发生明显变化，要在饲喂技术上做适当调整，补充适当的青绿多汁饲料、加大多种维生素的添加量、在饲料中最少加入5%以上的苜蓿草粉是重要的三条。

（三）合理补光

对产蛋鸡每日要保证 16 小时以上的光照时间，可早晚两头补光或晚上一头补光，要根据自然光照的变化制定出科学的补光方案。

（四）科学通风

不要过于片面强调保舍温，而忽视舍内通风换气。因为冬季是鸡呼吸道疾病的高发期，在通风不良的鸡舍极易发生此类疾病，一旦发现苗头，要及时投药治疗，结合科学合理的通风换气，保证冬季鸡群健康生产。

（五）防止意外伤害

在冬季野生食肉小动物的食物链发生断裂，黄鼠狼扰鸡的现象明显增多，要严加防范。

五、淘汰低产鸡

无论是饲养管理水平多优秀的饲养者，在他所饲养的产蛋鸡群中，只要规模足够大，总是会有一部分低产鸡与停产鸡。

（一）低产鸡的产生原因

其产生原因多种多样，如在育雏早期感染过传染性支气管炎的鸡，其生殖系统发育受到干扰，终生都不可能产蛋；还有的鸡患过卵黄性腹膜炎、马立克氏病、血液原虫病与寄生虫病等病症后，都会造成停产或低产；还有的产蛋鸡因卵巢功能退化，内分泌紊乱失调而发生性变异（母鸡打鸣），其后果也是停产或低产；另外，由于鸡脱肛或被其他鸡只所啄肛，也会丧失产蛋能力。

(二) 低产鸡的淘汰

产蛋鸡群中有低产鸡与停产鸡存在，肯定会影响全群的产蛋率与饲料转化率，也相应影响了饲养者的经济效益，所以对低产鸡与停产鸡必须要及时进行淘汰。

小规模饲养场，饲养者可及时淘汰低产鸡，发现 1 只淘汰 1 只。规模鸡场在一个产蛋鸡周期中可计划安排 3 次集中淘汰，第一次安排在产蛋高峰时（大约 29 周龄），这时将未开产鸡淘汰，因为到产蛋高峰还不能开产的鸡已失去了饲养价值。第二次安排在产蛋高峰过后（大约 42 周龄），这时低产鸡产蛋率下降明显，一部分可能都已停产。第三次安排在第一个产蛋周期的结束时（大约 72 周龄），如果决定本批次鸡第二个产蛋周期还留用，可以结合强制换羽，将没有饲养价值的鸡淘汰。但在市场上淘汰母鸡售价高时，大多数鸡场还是选择重新育雏，这时的第三次淘汰则是全群淘汰。

(三) 高、低产鸡的区别

高产鸡、低产鸡、停产鸡外观上是有区别的，我国广大劳动人民从长期的饲养实践中，总结出不少宝贵经验，其要点是“一看二摸”。

1. 高产鸡眼大有神，鸡冠与肉髯颜色红润，手触之有温度感并富有弹性，身体上羽毛蓬松稀疏并比较干燥没有油性，如群内有公鸡，则可见其背部羽毛在与公鸡交配时，被践踏而不整齐或缺失；而低产鸡与停产鸡眼神迟钝，鸡冠与肉髯都没有发育好，颜色苍白，用手触之无温度感，停产鸡身体上羽毛光滑油亮，覆盖丰满，无公鸡交配所践踏痕迹，并且外观较为肥胖。

2. 用手触摸产蛋鸡肛门宽大且湿润，腹部容积大，两耻骨末端柔软且富有弹性，产蛋鸡耻骨间可放入 3 个手指宽度（俗称三指裆），并且鸡的性情温顺，人们稍有捕捉动作便趴在地面上，而停产鸡肛门干燥且收缩无弹性，并且耻骨间内紧贴难以放入2个手指宽度，停产鸡行动上灵活，人们很难徒手捕捉到。一般常在产蛋箱内趴窝不下蛋，也不就巢，从外部用手触摸鸡的子宫也无蛋，特别是在下午最后一次集蛋时，仍在产蛋箱趴窝，采食意愿不积极的鸡多为低产鸡或停产鸡。

六、就巢性催醒

就巢俗称抱窝，就巢性催醒通俗讲就是让鸡醒窝。就巢性是禽类固有的天性，野生禽类靠此才得以世代相传，但人工饲养的禽类由于采用人工孵化法，就巢性多数已退化，但在某些地方品种鸡中，就巢性还是很强，某些品种就巢率甚至高达50％以上。

显而易见，鸡若要就巢，就无心再产蛋了，所以必须尽量降低鸡群中的就巢率，当发现群中有就巢行为的鸡时，要及时将其捉出，单独放在群外。

鸡就巢与体内的激素分泌变化有关，并且季节与气温也起着影响作用，一般春末夏初就巢现象多见。外界环境条件也有关，产蛋箱的幽暗环境和产蛋箱中积蛋久不取出，也能诱发母鸡产生就巢行为。并且就巢也有“传染性”，当鸡群中出现了就巢鸡，其接连不断的“咕咕”叫声和翅膀下垂到处找巢的行为，也对其他产蛋鸡产生诱导作用。

我国广大科技工作者及劳动人民群众，在长期的生产实践中，总结出不少就巢鸡催醒的方法，主要分为两大类，一类是注射激素或口投服药，另一类是突然改变环境条件，给予全新的强烈刺激。

（一）注射激素及口服药物方面

1. 对每只就巢母鸡肌肉注射丙酸睾丸素5～10毫克，注射

2～3天后就会解除就巢性，1～2 周后便可恢复产蛋。

2. 口投异烟肼法，对就巢鸡按每千克体重口投异烟肼 0.08 克，第二天对没有解除就巢的母鸡，再按每千克体重口投异烟肼 0.05 克，第三天对仍在就巢的鸡按第二天的剂量再口投一次，一般 3 天后基本上再也看不到就巢现象。

3. 口投解热镇痛药法，每只就巢鸡口投 500 毫克安乃近或 420 毫克 APC，同时口滴 3～5 毫升水，如 10 小时后还有就巢性，对这些个别鸡再口投一次，剂量同前，一般 2 周后可恢复产蛋。

4. 口投速效感冒胶囊法，对有就巢现象的母鸡早晚各一次口服速效感冒胶囊，每次 1 颗，连续 2 天，共口投 4 颗后便可解除就巢现象，1 周后可恢复产蛋。

口服盐酸麻黄素或磷酸氯喹片等多种服药法，这里不一一作介绍。

（二）突然改变环境

有水浸法、悬挂法、电刺激法、针刺法、醉酒法、服醋法、剪毛法及清凉降温法等。

七、强制换羽

在笼养商品鸡时，强制换羽是一项常规技术。当市场蛋价行情不好时，为避开低蛋价时间段，或为降低引种和培育成本时，人工强制进行换羽，以缩短自然换羽的时间，延长产蛋鸡的利用年限，可以尽快提高产蛋率，改善蛋壳的质量。

散放养蛋鸡可结合前面介绍的第三次淘汰，开展人工强制换羽。

（一）常规畜牧学方法

通过断水、断料、改变光照等人为应激因素，强行对产蛋鸡施压，使鸡体内激素分泌失去平衡，促使卵泡萎缩，引发停产与换羽。

1. 先将病弱低产鸡剔除，挑出已换羽或正在换羽鸡单独饲养。

2. 准备换羽前一周，鸡群接种疫苗。

3. 换羽开始后，同时停水停料两天，夏天温度太高时可停水一天，为防止因停产下软壳蛋，可在停料开始前 2～3 天，每天每只鸡喂 3～4 克石粉或贝壳粉。

4. 第三天开始，恢复供水，但不能供料。

5. 根据外界温度不同，断料天数在 7～12 天之间。夏天天数多，冬天天数少。当有 80%鸡的体重下降了 27%～30%，可恢复供料：开始 1～3 天，每天每只鸡仅喂 10 克料（育成料或产蛋料都可以），第 4 天和第 5 天每天每只喂 20 克料，以后每天每只增加 15 克料，一直恢复到正常采食为止。如喂的是育成料，当鸡开产后，换为产蛋料。

6. 同步光照控制，具体为：停水停料第 1 天光照 16 小时，第 2 天光照 14 小时，第 3 天至第 39 天每天光照 8 小时，第 40 天开始，每天增加光照 20 分钟，直至每天光照 16 小时为止。

（二）采用化学方法

1. 用含 2%锌（氧化锌或硫酸锌）的高锌口粮，不停水，不停料。

2. 光照可变也可不变（如有补光则停下来，改为自然光照），让鸡自由采食高锌日粮，一周后鸡的采食量大降，通常为正常采食量的 20%以下，体重也降低 30%以上。

3. 从第 8 天起饲喂普通的产蛋鸡日粮。

（三）衡量强制换羽是否成功的标志

人工强制换羽初期要密切关注鸡体重的变化，如失重率不达

25%以上便恢复供料，多半换羽不彻底，当失重率超过35%以上时，鸡群的死亡率会明显增加。通常认为，换羽期间的死亡率是换羽是否成功的标志，第1周不应超过1%，前10天不能超过1.5%，前5周不能超过2.5%，整个换羽期8周的死亡率不应大于3%。

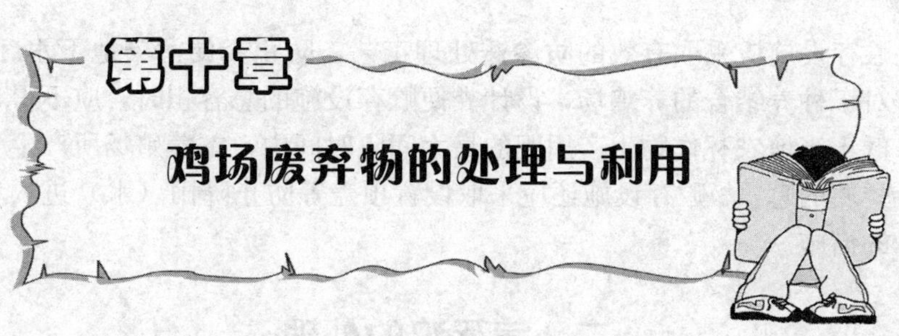

第十章 鸡场废弃物的处理与利用

养鸡场的废弃物主要包括鸡粪便、病死鸡、废垫料和污水等，如果不进行无害化处理就直接排放将会对大气环境、水环境、土壤、人体健康及生态系统造成很大的危害。要解决鸡场废弃物对环境的污染问题，在制定养鸡场生产规划和布局时，首先要考虑环境污染问题，按照减量化原则，从制定生产工艺上开始，考虑尽量减少废弃物的产生。依照《畜禽养殖业污染防治管理办法》、《畜禽养殖业污染物排放标准》、《畜禽养殖业污染防治技术规范》等技术要求，制定与饲养规模相适应的废弃物储存、利用、处理等规划，坚持农牧结合、种养平衡的原则，以土地消纳能力和可综合利用的数量来确定养殖规模，走生态养殖、循环利用的可持续发展之路。

一、鸡粪便的贮存

养鸡场应采取干法清粪工艺，采取有效措施将粪便及时、单独清出，不可与污水混合排出，并将产生的粪便及时运至贮存或处理场所。

养鸡场产生的粪便应设置专门的贮存设施，其恶臭及污染物排放应符合《畜禽养殖业污染物排放标准》。贮存设施的位置必须远离各类功能性地表水体（距离不得小于 400 米），并应设在养殖场生产及生活管理区的常年主导风向的下风向或侧风向处。

贮存设施应采取有效的防渗透处理工艺，防止粪便污染地下水。对于种养结合的养鸡场，设计粪便贮存设施的总容积时，应不得低于当地农林作物生产用肥的最大间隔时间内，本养殖场所产生粪便的总量。贮存设施还应采取设置顶盖等防止降雨（水）进入的措施。

二、病死鸡的处理

我国《畜禽养殖业污染防治技术规范》（HJ/T 81—2001）规定，病死畜禽尸体处理应采用焚烧炉焚烧或填埋的方法。在规模较大、养鸡场比较集中的地方，应集中设置焚烧设施，同时对焚烧产生的烟气应采取有效的净化措施。此种方法能彻底消灭病死鸡及其所携带的病原体，是一种彻底处理方法，但相对处理成本较高。不具备焚烧条件的较小规模养鸡场，应设置 2 个以上的安全填埋井。进行填埋时，在每次投入鸡尸体后应覆盖一层厚度大约 10 厘米的熟石灰，在填满后应用黏土填埋压实并封口。

三、鸡粪便的处理和利用

（一）鸡粪便的利用原则

鸡粪便经无害化处理后可以作为农业用肥，在无公害畜产品生产中鸡粪便不得作为其他动物的饲料。

鸡粪便必须经过无害化处理，并且须符合《粪便无害化卫生标准》后，才能进行土地添加利用，禁止将未经处理的鸡粪便直接施入农田。经过处理的粪肥作为土地的肥料或土壤调节剂，来满足作物生长的需要，其用量不能超过作物当年生长所需养分的需求量。在确定粪肥的最佳使用量时，需要对土壤肥力和粪肥肥效进行测试评价，并应符合当地环境容量的允许要求。对高降雨区、坡地及沙质容易产生径流和渗透性较强的土壤，不适宜施用粪肥或粪肥使用量过高易使粪肥流失，能引起地表水或地下水污染时，应禁止或暂停使用鸡粪肥。对没有充足土地消纳利用粪肥的大中型养鸡场，应建立集中处理粪便的有机肥厂或相应处理（置）机制，实现粪便无害化处理和利用。

（二）鸡粪便的处理模式

1. 直接晾晒模式 它的主要工艺过程是把鸡粪便用人工直接摊开晾晒，晒干后，压碎直接包装作为产品出售。这种模式的优点是：产品生产成本低，操作简单；但它还存在以下一些问题：①占地面积大，污染环境。②晾晒还存在一个时间性与季节性的问题，受自然条件影响大，不能工厂化连续生产。③产品体积大，养分低，存在二次发酵，产品的质量难以保证。

2. 烘干鸡粪便模式 它的工艺流程是把鸡粪便直接通过高温、热化、灭菌、烘干，最后生产出含水量为13%左右的干鸡粪，作为产品直接销售。这种模式的优点是：生产量大，速度快；并且产品的质量稳定，水分含量低。但同时也存在一些问题，如：①生产过程产生的尾气污染大气环境。②生产过程中能耗高，吨能耗达200元左右。③有时出来的产品只是表面干燥，浸水后仍有臭味和二次发酵，产品的质量不可靠。这种模式的缺点是设备投资大，利用率不高。

3. 生物发酵模式 它主要有以下三种发酵模式：

（1）*发酵池发酵* 其主要工艺流程是把鸡粪便、废垫料、草炭、锯末等混合放入水泥池中，充氧发酵，发酵完成后粉碎，过筛包装成为产品。这种模式的优势在于：生产工艺过程简单方便，投入少，生产成本低。主要缺点是：①产品有效成分含量低，水分含量高，达不到商品化的要求。②工厂化连续生产程度低，生产周期长。

（2）*直接堆腐* 其主要工艺流程是把鸡粪便、废垫料和秸秆或草炭等混合，堆高1米左右，利用高温堆肥，定期翻动通气发酵，发酵完后就作为产品。这种模式的优点是：生产工艺简单，投入少，成本低。主要问题在于：①产品堆放时间过长，受各种外界条件影响大，产品的质量难以保证。②产品工厂化连续生产程度不高，生产周期长。

（3）塔式发酵　其主要工艺流程是把鸡粪便、废垫料或锯末等辅料混合，再接入生物菌剂，同时塔体自动翻动通气，利用生物生长加速鸡粪便发酵、脱臭，经过一个发酵循环过程后，从塔体出来的就基本是产品。这种模式具有占地面积小，能耗低，污染小，工厂化程度高的优点，但它现在存在的问题：一是仅靠发酵产生的生物热来排湿，产品的水分含量达不到商品化的要求。二是目前工艺流程运行不畅，造成人工成本大增，产量达不到设计要求。三是设备的腐蚀问题较严重，制约了它的进一步发展。

（三）鸡粪便处理的建议

1. 处理方法的选择　从国际和国内鸡粪便处理方式的发展来看，发酵的方法越来越受到重视。因为它的能耗低，污染小，但它存在一个问题，就是仅通过快速发酵而不采取其他的措施，产品的含水量达不到商品化的要求。针对鸡粪便含水量较高的特点，如果把发酵与后期对产品的烘干干燥结合起来，对于工厂化处理可能更为适用。

2. 处理形式的选择　对于不同规模的鸡场处理的方式也应有所区别，对于大中型的规模鸡场可采取工厂化的发酵干燥法，而对于小规模鸡场或农户自养，可采取提供发酵菌剂，农民自己堆腐发酵的办法。

3. 处理工艺的选择　对于有机肥工厂化的工艺不宜过于复杂，不应盲目追求新颖。因为有机肥本来是低值产品，成本越低越好，工厂规模不宜追求大，过大规模，一来设备成本高，二来原料的收集、运输、贮存又存在问题，这样就提高了产品的成本。在工艺上要求简单适用、廉价高效即可。

四、液体废物处理

污水经过三级沉淀，产生固液分离后，固体废物处理进入鸡粪便的处理程序。液体废物经过酸化调节、UASB厌氧氧化池、好氧氧化池、水生植物塘处理后，达到排放标准后排放。其排放标准见表10－1。液体废物的处理流程见图10－1。

表10－1　污水处理后达标可排放指标

控制项目	五日生化需氧量（毫克/升）	化学需氧量（毫克/升）	悬浮物（毫克/升）	氨氮（毫克/升）	总磷（毫克/升）	粪大肠杆菌群数（个/升）	蛔虫卵（个/升）
标准值	150	400	200	80	8.0	10 000	2.0

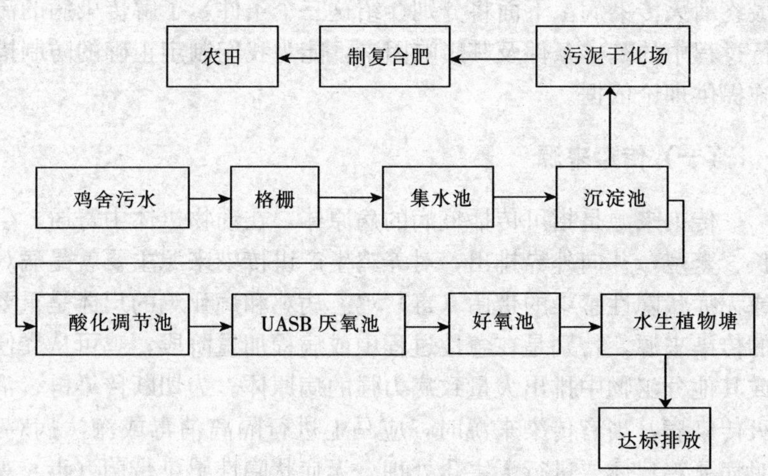

图10－1　鸡舍废水的处理流程

一、疫病传播的三个条件与防治措施

鸡病传播有三个环节：传染源、传播途径、易感鸡群。在防疫工作中，只要切断其中一个环节，传染病就失去了传播的条件，就可以避免某些传染病在鸡场内发生，甚至可以扑灭疫情、最终消灭传染病。下面将分别介绍这三个条件，了解传染病的流行过程中的基本条件及其影响因素，能为我们制定正确的防制措施提供理论依据。

（一）传染来源

传染来源是指可传播疫病的病原体，在动物机体中寄居、生长、繁殖，并向外界排出，对养鸡生产讲传染来源主要就是病鸡或无症状隐性感染的带菌（毒）鸡。病鸡和病死鸡的尸体是重要的传染来源，特别是在急性过程中或病程加重阶段，鸡可从粪便或其他分泌物中排出大量致病力强的病原体。为切断传染链、消灭传染病，当有传染来源时，应马上进行隔离消毒或淘汰病鸡，对病死鸡尸体要进行无害化处理。无症状隐性感染带菌（毒）鸡是另一类很危险的传染来源，它们可分为潜伏期病原携带鸡与恢复期病原携带鸡和健康鸡病原携带鸡（隐性带菌鸡），应根据它们不同的带菌性质，采取全进全出、限制活动、隔离消毒和检疫淘汰等不同的处理措施。特别是某些种鸡外表健康，但携带着沙门氏菌、鸡败血支原体、大肠杆菌、淋巴白血病、减蛋综合征、包涵体肝炎和鸡脑脊髓炎等病原体，可通过种蛋将以上疫病垂直传播到下一代，即所谓蛋传疫病，对商品鸡饲养者危害极大。所以种鸡饲养者应按规定对鸡群进行检疫与防疫，及时进行清群与淘汰。

（二）传播途径

是病原体由传染来源排出后，经过某种方式侵入鸡群的途径，鸡传染病的主要传播途径有：

1. 经空气传播　即呼吸道感染。如传染性支气管炎、传染性喉气管炎、传染性鼻炎、鸡败血支原体和鸡新城疫等都可以通过喷嚏、咳嗽或呼吸的飞沫传染。病原体以尘埃为载体，飘浮在空气中，造成环境、空气污染，这是一类最不易防制的传染病。由于鸡群密集、通风不良、空气质量不好，更加剧了这种传播，特别在冬季，环境温度变化剧烈，为强调舍内保温减少了通风量，使这种呼吸道感染的疾病多见。

2. 经污染的饲料和饮水传播　即消化道感染。当病鸡的分泌物、排泄物、尸体等污染了水源、饲料和周围环境；由于饮水不卫生，饲料霉变等原因造成了病从口入。所以要特别防止饲料的污染，注意饮水卫生消毒有十分重要的意义。许多传染病、寄生虫病和中毒性疾病都是病从口入，网上平养与育雏期的笼养主要就是为了防止消化道感染。

3. 经带菌鸡的羽毛、皮屑传播　马立克氏病的病原体可存在于病鸡的羽毛囊或皮屑中，并且对外界环境有较强的抵抗力，存活期可达数月，有时在鸡舍缝隙中，消毒药液无法达到；如条件适宜便会传播开来。

4. 经孵化室传播　主要是一些被蛋传疫病的病原体污染的种蛋及污染的孵化环境，使雏鸡出壳后被感染，如沙门氏菌病、禽脑脊髓炎、曲霉菌病、肠炎、绿脓杆菌病、金黄色葡萄球菌病等。

5. 经生物媒介传播 生物媒介范围广泛，如鼠类、鸟类、蚊蝇、猫狗、节肢动物、蚂蚁、蚯蚓等，也包括人类，这些都可成为生物媒介传播病原。饲养人员、生产管理人员、兽医及来访者常常在疾病传播中起着十分重要的作用，尤其是接触过病死鸡或去过疫区的人员，都属于危险人物，在鸡场急性传染病暴发中是重要因素。所有人员进入鸡场前要淋浴、更衣，是有效防止疾病传播的手段，因为被污染的手、鞋、衣服甚至头发都可能传播疾病。老鼠经常从这栋鸡舍串到另一栋鸡舍，也是疫病传播中不可忽视的因素。

6. 鸡只之间互相传播 某些鸡病成年鸡有耐受性，或者通过免疫接种具有一定的抵抗力，不表现为明显症状，但可成为带菌（毒）鸡；而许多幼龄鸡只易感，造成流行，形成危害。所以成年鸡不能与幼龄鸡混养于同舍中，育雏必须有单独房舍与成年鸡分开。严格意义上讲，同一鸡场内应是同一鸡龄的鸡群，这样对防制马立克氏病、沙门氏菌病、球虫病、禽流感、鸡新城疫病等大有益处。

7. 经公用设备与用具传播 有的鸡场对公用设备与用具不注意消毒，如饲料袋、蛋箱、鸡笼、运输车等各鸡舍之间混用，场内与场外混用，特别是装淘汰鸡的鸡笼最易成为某些疫病传播的工具。

要尽量把疫病可能传播的途径切断，阻止传染病的发生。

（三）易感鸡群

鸡群对于某种传染病病原体的感受性的高低和易感个体占鸡群总体百分率的多少，直接与该传染病能否在鸡群中流行有关。易感鸡群是特指对传染病没有抵抗力的鸡群，易感程度由下列因素决定：

1. 鸡群的免疫抗体水平 许多鸡的传染病可用接种疫苗来

进行预防免疫，其预防免疫效果的好坏与疫苗的种类、质量有关，也与免疫接种技术、免疫程序的合理程度等诸多因素有关，在目前阶段，对某些传染病搞好免疫接种是提高鸡群免疫抗病能力的关键。

2. 鸡群的饲养管理　如环境不良、空气质量不好、鸡群拥挤密度大，饲料营养水平达不到要求，都会对鸡体的抵抗力造成影响，使鸡只对疫病的易感性增高，良好的饲养管理是保证鸡群健康的基础。

3. 鸡群的状态　不同日龄、不同品种的鸡对疫病的抵抗力也不同，成年鸡一般讲较雏鸡抵抗力强，但初生雏由于母源抗体的作用，对某些传染病有一定的抵抗力。鸡体的某些器官受损程度也与易感性有关，如法氏囊对鸡只早期的免疫机制有重要作用，如患过法氏囊炎的鸡只，可能造成免疫功能下降或消失。要提高鸡群的免疫水平，加强饲养管理，使鸡群保持在一个良好状态。

坚决贯彻“预防为主”的方针，对于规模化鸡场而言，鸡病防治工作的着眼点，应该是预防群发性疫病的发生，防重于治；应以鸡的群体为对象，而不是以个体为单位。必须建立预防为主、防检结合、以检促防的综合配套的防制（治）工作运行机制，一方面要提高从业人员的素质和业务工作能力，制定适合本场具体情况的兽医防疫卫生措施，确定科学的免疫程序，降低疫病的发病率和死亡率；另一方面疫病控制要从源头抓起，必须完善严格的检疫检验措施，防止疫病传入。

强化饲养管理措施，做好隔离、消毒、卫生和防疫工作，采用合理的投药方法和科学的免疫程序，在稳定地控制病毒性疾病的基础上减少细菌性疾病的发生，以及继发症、并发症和混合感染的出现。

控制环境污染，实行生物安全措施。环境污染是引起疫病流行传播的重要因素之一。因此，控制环境污染，实行生物安全措施刻不容缓，鸡场应该按照控制传染病的原则，坚决执行“全进全出”的饲养制度，并对鸡舍进行彻底的清洗消毒；遵守防疫制度和空舍制度，严格限制人员、动物和运输工具的流动和进入养鸡场；对引进的种鸡要进行严格的检疫；对发病和病死鸡只进行严格处理，防止疫病扩散。同时还要注意进行疫病的检测和日常的消毒工作。

二、鸡场的免疫工作

目前对鸡场威胁最大的因素是传染病，特别是病毒性传染病，受科技水平所限，目前还没有实用的禽用有效抗病毒药物。所以利用鸡体自身的免疫机制，并强化其功能，是当前抵抗病毒性传染病传播的最有效的手段。当然仅仅依赖免疫是行不通的，要把免疫接种、环境隔离、卫生消毒三者有机结合起来，以控制疾病的传播；病毒性传染病要免疫，细菌性传染病与某些寄生虫病也要免疫。在无公害蛋鸡生产中，要注意建立免疫工作记录，主要内容有疫苗种类、使用方法、剂量、批号、生产单位、免疫接种鸡群、日期与接种人。

（一）免疫程序的提出

免疫工作是养鸡场日常工作中很重要的一环，实践已无数次地证明，只有科学的免疫程序，才能适合各鸡场的特定环境，对鸡只进行真正有效地保护。所讲的免疫程序就是免疫工作安排的时间表，这看似简单的工作时间安排，里面却包含着深奥的科学道理，涉及众多学科的科研成果。某一项免疫工作做早了，可能无用或有副作用；做晚了对鸡群失去保护作用，可能会给生产造成巨大损失。只有掌握对不同疫病及疫苗的免疫应答规律，才可能科学地制定出免疫程序。

（二）制定免疫程序应考虑的因素

1. 饲养目的　不同饲养目的采用不同的免疫程序，商品代仅要求生产无公害的商品蛋，所以免疫程序相对简单；父母代以上的鸡只在制定免疫程序时，不仅仅考虑自身的保护问题，还要求为下一代雏鸡提供母源抗体，并且要保证母源抗体保持相应的效价，这点在鸡新城疫、传染性法氏囊炎、禽脑脊髓炎的免疫中尤为重要。

2. 环境　鸡场及鸡只所处在的环境很重要，当地传染病流行的规律如何？对本地区养鸡业发展危害性最大的传染病是哪几种？本鸡场的卫生状况、隔离条件是否尽人意？进场前是否做到淋浴更衣？场内舍内是否定期消毒？本场历史上及周围相关场都曾暴发过什么传染病？气候季节条件有时也起作用。相对讲，鸡传染性法氏囊病夏季比冬季流行，而传染性喉气管炎、鸡败血性支原体等在晚秋、冬季、早春要比其他季节流行严重。以上各种情况在制定免疫程序时都要逐一加以考虑。

3. 鸡群状态　制定免疫程序时，鸡群的状态很关键。要考虑鸡日龄情况、抗体的消长情况。要了解鸡群的营养水平，一旦饲料中维生素、微量元素、氨基酸满足不了营养需要，鸡群的免疫力会下降，将增大对疫病的易感性。体况是否正常、超重与欠重都属不正常。要考虑鸡群是否处在应激状态，应激会减轻对免疫的应答反应。还要掌握鸡群被污染的情况，鸡败血性支原体阳性率高，在国内一些鸡场内较普遍；大肠杆菌污染目前也呈上升趋势。很多条件性病原体都可因免疫接种产生的应激而发病，最后形不成免疫应答。

4. 经济因素　制定免疫程序也要考虑成本最低原则，能删掉的免疫内容应尽量不做，如在本场及周围环境中没有传染性喉气管炎和禽脑脊髓炎等流行，就不要做这些免疫内容，因为一旦接种上述疫苗会因带毒问题使批批鸡都要做。另外，能做群体免疫的尽量不做个体免疫。

（三）免疫程序的内容

1. 日龄 科学地制定免疫程序的关键在于掌握鸡只对不同疫苗的免疫应答反应。一般讲，幼龄鸡只免疫系统发育不完善，加上母源抗体的影响，人工免疫后往往不能获得坚强的免疫力，但这并不是绝对的，各种疫苗有各自的免疫机理，对鸡马立克氏病的免疫，要求在出雏后 24 小时内接种，过迟接种会增加感染马立克氏病的机率。在鸡新城疫与传染性法氏囊病的免疫中，根据抽测的母源抗体效价决定全群的首免日龄是非常关键的。雏鸡可经卵黄吸收获得母源抗体，具有被动免疫能力，能对早期的感染形成抵抗。因为雏鸡的免疫机制不完善，所以在鸡新城疫和传染性法氏囊病免疫中这种早期抵抗力非常重要。如果首免选择时机过早，母源抗体会中和疫苗毒力，失去早期保护；如首免选择时机过晚，母源抗体消失后，自身免疫机制完善前，将形成免疫真空期，如野毒存在，疫病的暴发将是不可避免的。一般讲鸡新城疫母源抗体半衰期为 4.5 天，传染性法氏囊病的母源抗体半衰期为 3.5 天。不同的免疫项目有截然不同免疫日龄要求，这是十分重要的一点。

2. 疫苗种类 各种病有各自的疫苗，分别有不同的免疫原性。有的病如传染性支气管炎、禽流感、马立克氏病、大肠杆菌等还有不同的血清型，针对所流行的血清型，免疫才会有效。类似这些病较好的解决方法是使用多价苗。即使是同一血清型，疫苗的毒力（毒株）又有所不同，如鸡新城疫Ⅰ系苗为中等毒力，它决不可用于首免，可在鸡一月龄后进行补强免疫用，而鸡新城疫 L 系则为弱毒疫苗，它既可首免也可后来补强免疫用。疫苗还有单苗与联苗之分，单苗针对一种疫病，联苗可同时针对二种以上的疫病。并非什么苗都可联在一起，特别是鸡新城疫与传染性支气管炎联时，传染性支气管炎病毒对鸡新城疫苗免疫应答有干扰；现在生产的这两种病的联苗是经过精确计算病毒量比例后生产的，不会对鸡新城疫免疫应答造成过分干扰；如果有人同日龄分别接种鸡新城疫与传染性支气管炎疫苗，则鸡新城疫免疫应答不完全。在接种传染性喉气管炎疫苗时也要注意对鸡新城疫免疫的干扰。一般在接种传染性支气管炎与传染性喉气管炎后一周内不要接种鸡新城疫疫苗。

疫苗还有死、活苗之分；活苗接种量少，有多种接种方式，建立的免疫应答早，但维持的时间也相对短一些。并有可能毒力返强、散毒与传播蛋传疫病。死苗则相反，接种量大，必须用个体注射法接种，建立免疫应答慢，但维持时间相对要长，不存在毒力返强、散毒与传播蛋传疫病的问题。

3. 接种途径　不同的疫苗有不同的接种途径，如鸡痘苗多采用刺种方式，但有的疫苗根据不同的免疫要求有多种接种途径。近年来人们开始重视黏膜局部免疫的作用，强调其与全身性免疫的配合。实验结果也证明：在鸡新城疫与传染性支气管炎的免疫中，依靠血清中大量的循环抗体，效果有时并不确切。

接种途径大体可分为两大类，个体接种法与群体接种法。个体接种法又细分为滴鼻、点眼、滴口、刺种、注射（皮下或肌内）等。群体接种法有饮水、气溶胶（喷雾）、拌料等。个体接种法确实，但费工费时，给鸡群造成的应激大。在雏鸡阶段，滴鼻与点眼方式接种可形成强有力的局部免疫力，协同母源抗体共同保护雏鸡。当滴鼻时，疫苗不吸入，可堵住另一侧鼻孔，疫苗自然可缓缓吸入。刺种的接种部位在翅膀无毛三角区，该处无毛无大血管，刺种 5 天后应检查刺种部位是否有痘斑；如无痘斑说明接种不确实，要重新补接。皮下注射多为颈部皮下，在注射马立克氏苗时，一定要选用小号针头，可用 6 号或 5 号半针头，注射油苗时可用 7 号针头，大鸡可用 9 号针头。肌肉注射胸肌时，要沿胸肌呈 45°角刺入，角度大易刺入内脏，角度小易使胸肌形成肉瘤。群体免疫则相对简单些，给鸡群造成的应激小，但免疫效果有时不太好，主要问题是鸡群内免疫应答不整齐，这与接种的疫苗病毒量不同有关。饮水免疫要求饮水中不应含有消毒剂、离子、药品等对疫苗活性有影响的物质。要根据季节与舍温来决定停水时间。在饮水免疫前后的 3 天中（共 7 天），饮水中停加消毒剂，免疫前水中加入少量脱脂乳可增加免疫效果。气溶胶免疫要调好雾粒大小 ，一般雏鸡用大雾粒，育成鸡与产蛋鸡用小雾粒；气溶胶免疫对刺激呼吸道黏膜的局部免疫很有效，但操作不当，很容易诱发呼吸道疾病。

4. 剂量 剂量是免疫程序中最后一项内容，不同的免疫项目有不同的接种量。如马立克氏病免疫多用 0.2 毫升皮下注射，其他灭活苗多是 0.5 毫升肌肉注射，但法国罗纳公司的灭活苗多是 0.3 毫升注射。同样的鸡新城疫免疫，饮水与气溶胶比其他方法都要加大接种量；如接种量不足，免疫应答不完全，形不成坚强免疫力，失去了接种的意义。超量接种无疑是经济上的损失，并有可能对鸡只本身造成危害，严重时导致免疫麻痹，结果免疫应答无效；所以低量、超量接种都不允许。

（四）影响免疫效果的因素

1. 疫苗质量 高质量合格疫苗是免疫成功的基础。在无公害蛋鸡生产中必须使用正规渠道供应的疫苗，疫苗必须符合《兽用生物制品质量标准》的规定。一般冻干苗都是真空冷冻生产，一旦失去真空说明疫苗质量有问题，正常疫苗稀释时，不用推针，稀释液就会被抽进，而失空苗很难将稀释液注入疫苗瓶中。保存油（灭活）苗时绝对不许冷冻贮藏，在使用前要检查有没有分层现象；如有分层，说明苗与佐剂两相分离，这样的苗质量有问题，不能使用。使用组织灭活苗前要检查发霉与腐败现象。每次使用前要注意有效期，超期苗绝不能使用。在马立克氏病与病毒性关节炎免疫中，必须使用专用配套稀释液，这是一种磷酸缓冲液。生产疫苗的鸡胚应是 SPF（无特定病原体）蛋，不然在接种活苗的同时，一些蛋传疫病如淋巴白血病等可能传播；有人认为减蛋综合征就是在制苗时由鸭胚带毒侵入鸡群的。因为在1974年以前，鸡群中并没有抗这种病毒的抗体，而现今减蛋综合征已成为引起鸡产蛋下降的一个重要原因，这是一个极为惨痛的教训。有时外界流行超强毒，普通苗保护率低，如现在的马立克氏病，就得用细胞结合苗或细胞结合苗与HVT苗结合的多价马立克氏苗进行保护。

2. 鸡群状况　鸡群的遗传基础不同，对免疫的应答也不同。不同品种、不同用途的鸡群对疾病的易感性、抵抗力、免疫应答也不同。在一个随机分布鸡群中免疫应答也倾向于正态分布，不可能提供100％的绝对保护，总会有一小部分鸡只接种了疫苗却没有获得可靠的保护。鸡群的营养状况与免疫效果有直接关系，在维生素、微量元素与氨基酸满足不了营养需要时，免疫力下降，接种后免疫应答不到位，表现为抗体变异范围增大，测定值参差不齐，对强毒攻击保护率下降，同时抗体的维持期变短；所以讲保持鸡群营养状况良好是免疫工作成功的基础。鸡群处在应激状态下，免疫应答会下降，严重时会出现暂性免疫抑制；当鸡群处在过冷、过热、通风不足、潮湿、转群、断喙及接种疫苗等各种应激条件下，如处理不当都可造成应激而影响免疫效果。应激使鸡只的免疫应答能力下降，抗体水平降低，细胞免疫功能减弱。

生产实践中，免疫缺陷病与中毒性疾病，特别是传染性法氏囊病、马立克氏病与雏鸡贫血因子等传染病引起的免疫抑制决不要低估。接种疫苗后又暴发了严重的传染病多与免疫抑制有关。在免疫被抑制条件下进行了无效的免疫接种，形不成应有的保护，一旦有三个疫病传播因素同时存在的条件就可能造成疫病暴发。母源抗体在雏鸡被动免疫、提供早期保护方面有积极的重要作用；有利也有弊，高滴度的母源抗体可中和疫苗毒，干扰病毒复制而最终影响免疫效果。

3. 接种技术 接种人员的专业技术水平也影响到免疫效果。如腿肌注射时，内侧神经、血管丰富容易被刺伤，应在腿外侧注射。刺种应接种在无毛区上，当有羽毛遮挡时，会造成部分药液流失，导致接种量不足。滴鼻、点眼时，要待确切吸入后方可放鸡。在接种过程中要不时晃动疫苗瓶，使疫苗毒在稀释液中均匀分布，特别是在接种马立克氏疫苗与灭活油苗时这种定时晃动非常必要。接种马立克氏苗时最好用冰镇方式使稀释后疫苗液温度不致于过高，因为一般孵化场环境温度都较高，对疫苗毒力有影响。而冬季注射油苗前应先将疫苗预温，温度低的油苗注射时费力。稀释疫苗也有技巧，有人做过试验，一次稀释仅获81%的疫苗毒，其余的19%残留在疫苗瓶壁中，而反复冲洗2～3次疫苗瓶，则可获得尽可能多的疫苗毒。在使用马立克氏细胞结合性疫苗（液氮苗）时，应在27℃的温水中水浴融化冻结的疫苗，水浴温度的过高过低都会对疫苗的活力造成影响。融化后的疫苗应立即稀释，这时稀释的最佳温度是22℃，可使疫苗100%存活，稀释液为4℃，则有70%的疫苗存活。饮水免疫时，停水时间长短的控制和稀释疫苗的总水量很关键。如鸡只很快将疫苗饮净，势必造成个体间免疫水平参差不齐；而很长时间疫苗液饮不净，疫苗将逐步失效。

4. 管理因素 正常管理工作很重要，鸡场应具备良好的卫生隔离条件，定期进行消毒，切断全部病原体可能的传播途径。在马立克氏病免疫中，早期确实接种结合良好的卫生条件与科学的通风换气，才能获得高的保护率。健康的鸡群具有完善的免疫机制，才能获得期望的免疫应答。在安排免疫间隔期时，要考虑不同的疫苗之间的相互影响，还要考虑疫苗本身的毒力情况；要注意避免在短时间内超剂量多次反复接种，这样可能会造成免疫麻痹。要合理安排消毒剂的使用，以免干扰免疫效果。在疫苗运输、保管、使用等各个环节上任何一点失误都可能导致免疫失败，这将给生产造成巨大损失。

（五）辩证地看待免疫工作

有一种错误观点，“一针定天下”。认为接种疫苗后就万事大吉，这种单纯依赖免疫的观点非常危险。我们知道，免疫是一个非常复杂的生物过程，免疫应答的形成涉及神经、体液与内分泌等多个方面，接种疫苗仅是建立免疫应答中一个必不可少的条件，接种疫苗决不等于免疫已经成功。做好免疫监测工作是重要的一环。对体液性免疫可从抗体消长上看出免疫效果，但不能仅看到抗体滴度的平均值，还要了解抗体滴度的分布情况，如在鸡新城疫的HI免疫监测中，如抗体滴度分布在3～4个滴度变化等级中（35～50个样本），说明抗体滴度较整齐；若抗体滴度分布在6个滴度变化等级之外，说明鸡群抗体整齐度差，免疫应答效果不好。这种情况下，应及时再接种一次气溶胶或灭活苗注射，使抗体滴度尽可能保持一致。对细胞免疫可采用玫瑰花环形成试验、硝基蓝四氮唑还原试验等来进行监测；也可用皮肤试验，根据皮肤肿胀的皮差来判断细胞免疫力。

紧急接种与免疫治疗不是免疫程序中的内容，但在疫病流行的初期，这两种方法确有治疗作用，可以减少损失。并非所有疫病都可紧急接种，较多见是鸡新城疫、传染性喉气管炎、传染性法氏囊炎和减蛋综合征等几种疫病。紧急接种时有二个关键，一是行动要快，二是剂量要适当。用高免血清与高免卵黄液的免疫治疗的最大优点是：对病鸡有治疗作用，对健康鸡有预防作用；但这种外源性的被动免疫力消失也快（2～4周）；在使用卵黄液时，也为某些蛋传疫病的传播提供了可能。

鸡场的免疫程序应按照外界条件的变化与鸡群的状态及时进行调整，但又要保持相对的稳定，不要老是改来改去。一般的原则是当生产中某项免疫内容出现了问题或预感要发生重大问题时，应及时进行调整；对某一个鸡场没有一个一成不变的免疫程序，对某一区域也没有一个对各个鸡场都有效的免疫程序。要科学地制定免疫程序，就得不断学习，研究疫病流行的新动向，了解科学技术的新进展，吸收他人的宝贵经验，总结自己的经验与教训，掌握不同疫苗的免疫应答规律，科学地制定出适合本场场情的免疫程序。

散养蛋鸡根据《防疫法》及配套法规要求，结合当地实际情况，有选择地进行预防接种工作。做常规疫病检测工作（高致病性禽流感、鸡新城疫、禽白血病、鸡白痢与鸡伤寒等）。常规疫苗要按时、正确接种，尤其是要注意提前做好鸡痘的预防。

下面是辽宁益康生物制品厂建议的免疫程序：

1 日龄，鸡马立克苗皮下注射；

4～7 日龄，用传支 H_{120}＋W_{93}滴鼻或饮水；

7～14 日龄，鸡新城疫克隆 30 或Ⅳ系滴鼻、点眼或饮水、喷雾；

14～21 日龄，鸡法氏囊活毒苗滴口或饮水；

21～28 日龄，鸡法氏囊中等毒力苗滴口或饮水；

鸡痘鹌鹑化弱毒苗刺种。

28～35 日龄，鸡新城疫克隆 30 或Ⅳ系滴鼻、点眼或饮水、喷雾；

同时用鸡新城疫灭活油苗注射。

35～42 日龄，用传染性喉气管炎疫苗滴鼻或点眼（根据需要）；

42～49 日龄，鸡法氏囊中等毒力苗滴口或饮水；

49～56 日龄，用传支 H_{52}＋W_{93}疫苗滴鼻、点眼或饮水；

70～80 日龄，鸡新城疫Ⅳ系饮水、喷雾或肌肉注射（根据抗体监测）；

90 日龄，用传染性喉气管炎疫苗滴鼻、点眼或肌肉注射（根据需要）；

110 日龄，鸡痘鹌鹑化弱毒苗刺种；

120～140 日龄，用新减二联苗肌肉注射。

每次免疫后，在饲料或饮水中可适当添加电解多维，以减少鸡群的应激反应。

三、鸡病的诊断与治疗

散养蛋鸡常发生的疾病种类与集约化饲养方式相似，但是，散养鸡群更容易发病。散养鸡群疾病的特点是，呼吸道病相对比较少，但是肠道病比较多，如坏死性肠炎、溃疡性肠炎等，传统饲养时极少见的鸡组织滴虫病（又称盲肠肝炎或黑头病）也比较常见。由于蚂蚱、蚂蚁、家蝇、蚯蚓等是鸡寄生虫的中间宿主，鸡啄食后容易感染寄生虫病，如绦虫病、蛔虫病、组织滴虫病等。其他寄生虫病如球虫病，鸡虱、螨等也容易发生，另外还容易发生鸡痘、啄癖等。

平时要经常投喂一些抗菌、消炎药。常用药物：土霉素、环丙沙星、青霉素、链霉素、丁胺卡那霉素等。定期驱虫对放养鸡来说必不可少，非常重要。常用药物：左旋咪唑、驱虫净、驱蛔灵（线虫）、灭绦灵、抗蠕敏（绦虫）等。定期用药物预防球虫病：复方氨丙啉、氯苯胍、优素精、马杜拉霉素、地克珠利等。

工作人员应经常到鸡群活动的区域内巡查，每天放鸡后要到鸡舍内观察一遍，看有无体弱病鸡，发现死鸡后应立即取走，病鸡单独放在专门的隔离舍内饲养，无治疗价值的鸡应坚决淘汰。

四、无公害散养蛋鸡生产中的消毒技术

（一）消毒方法

鸡舍周围，每 2～3 周消毒 1 次，鸡场周围及场内污水池、排粪坑、下水道出口，每 1～2 个月消毒 1 次。鸡场、鸡舍进出口要设消毒池，每周更换 1 次消毒药。鸡舍内要定期进行带鸡消毒，正常情况下每周 1 次，有病情况下可每周 2 次，在免疫前、后 3 天不进行带鸡消毒。鸡舍腾空后要进行彻底清扫、洗刷、药

液浸泡、熏蒸消毒。消毒后至少闲置3周才可进鸡。进鸡前5天再进行熏蒸消毒1次。定期对蛋箱、蛋盘、喂料器、饮水器等用具进行清洗和熏蒸消毒。

（二）常用消毒剂

理想的消毒剂应是杀菌性能高，低浓度便可杀灭微生物；同时作用迅速；对人和鸡都无毒副作用；价格便宜易于购买；性能稳定；无异味，并可溶于水中；对金属、木材、塑料制品都无破坏作用；无易燃易爆性，使用安全；不会因外界存在有机物、蛋白质、渗出液而影响杀菌效果。但目前条件下各种消毒剂都有一些缺点，在无公害蛋鸡生产中不许使用酚类消毒剂，在产蛋期禁止使用醛类消毒剂。生产中使用时要根据情况选择较合适的消毒剂。

1. 酸类 生产中多用有机酸不用无机酸，因有机酸杀菌原理是利用不电离的分子，通过细菌的胞浆膜上的脂质双分子层对细菌起杀灭作用，而无机酸用氢离子来灭菌。主要有机酸消毒剂是乳酸与醋酸，多用于空气消毒；每立方米空间用10毫升乳酸加水10～20毫升，加热蒸发；也可用2～40毫升稀醋酸加热蒸发，如果是食用醋，每立方米应用300～1 000毫升。

2. 碱类 碱类消毒剂的杀菌性能与氢氧根离子浓度有关，其浓度高时杀菌能力强。室温情况下，强碱可水解蛋白质与核酸，使细菌的酶系和菌体结构受到损害，破坏菌体的代谢过程，使菌体死亡。碱类消毒剂特别对革兰氏阴性菌有效，对病毒的杀灭作用也强，高浓度的碱液对芽孢也有作用。主要碱类消毒剂是氢氧化钠（苛性钠）、氢氧化钾（苛性钾）与石灰。2%的氢氧化钠或氢氧化钾用于病毒性与细菌性污染的消毒。常用的工业用碱含有94%的氢氧化钠。石灰水解后游离出氢氧根离子而起消毒作用，用时必须现用现配，常用的浓度为10%～20%。石灰对一般细菌有效，但对芽孢与结核杆菌无效，常用于地面、墙壁、粪沟等的消毒。

3. 氧化剂　氧化消毒剂含有不稳定态的结合氧化合物，与有机物或酶类接触，释放出初生态氧，破坏菌体蛋白和酶蛋白而起杀菌作用，尤其对厌氧菌有效，对革兰氏阳性菌有效。常见的氧化消毒剂是高锰酸钾（灰锰氧）与过氧乙酸（过醋酸）。0.1%高锰酸钾水溶液用于皮肤、黏膜、创面冲洗与饮水消毒；2.5%的浓度可杀死芽孢菌。在福尔马林的熏蒸消毒中多用高锰酸钾，但这时是利用其氧化性能来加速福尔马林的蒸发。过氧乙酸有刺激性气味，高浓度时遇热爆炸，一般市售品为20%浓度，无爆炸危险，有效期为半年；过氧乙酸具有强大的氧化性能，杀菌作用强、抗菌谱广，对细菌、病毒、霉菌和芽孢都有效，但对组织有刺激性与腐蚀性，对金属也有腐蚀性，使用中必须注意保护。0.2%～0.5%过氧乙酸溶液用于鸡舍环境的消毒，用时应现用现配。

4. 卤素类　卤素类消毒剂主要是氯、溴、碘制剂，最常见氯制剂。因为氯极容易渗入细菌细胞内，对蛋白质产生卤化与氧化反应，具有强有力杀菌作用；但氯为气体，使用中不方便。一般都是采用能释放出游离氯的化合物作为消毒剂，这类产品的商品名称各种各样，但灭菌原理大同小异，主要的卤素消毒剂是漂白粉（含氯石灰）、二氯异氰尿酸钠（优氯净）、碘。漂白粉是次氯酸钙、氯化钙与氢氧化钙的混合物，应含有25%～30%的有效氯，有效氯低于16%的产品不宜使用；主要用于饮水消毒，一般在水中应保持有6毫克/千克有效氯。二氯异氰尿酸钠含有效氯60%以上，性质稳定，其0.5%～1%浓度用于杀灭细菌与病毒，5%～10%用于杀灭细菌芽孢，饮水消毒时，每升水用4毫克，作用30分钟后饮用。碘具有较强的杀灭细菌、病毒和霉菌作用，其消毒作用几乎无选择性，对各种微生物有效浓度相同；在饮水消毒中，一吨水加浓度为2%的碘酊100～150毫升，15分钟后可饮用。用于皮肤消毒时为 2%～5%的浓度。

5. 表面活性剂 阳离子表面活性剂具有较强的抗菌作用，是临床上常用的良好消毒剂，其抗菌原理是活性剂中的亲脂基团与亲水基团，分别渗入到胞浆膜的类脂层与蛋白质层，从而改变了胞浆膜的通透性，使胞内物质外溢而起杀菌作用。阳离子表面活性剂如新洁尔灭、洗必泰、百毒杀之类，在碱性环境下作用最强，在酸性环境中会显著降低杀菌效力。阳离子表面活性剂杀菌范围广，对各种细菌、病毒都有作用，同时具有杀菌效力强、作用迅速、刺激小、毒性低、使用剂量小、可长期保存和价格便宜等优点，是较为理想的消毒剂。下面介绍几种较典型的阳离子表面活性剂：碘伏是碘与表面活性剂的络合物，可用于带鸡消毒，每立方米用药 3～9 毫升；还可用于洗涮、浸泡性消毒，一般稀释 10～20 倍后使用；也可用于饮水消毒，每升水加入原药液 10～20毫升，连饮 3～5 天。新洁尔灭（溴苄烷铵）0.1%用于种蛋喷雾或洗涤消毒，0.15%～2%用于带鸡消毒。百毒杀为双链季铵盐，有较强杀菌能力，对人和鸡都无毒无刺激，但超剂量、高浓度使用时，有毒害作用；产品有 50%与 10%两种浓度，饮水消毒时，每升水 50%浓度的用 0.05～0.1 毫升，10%用 0.25～0.5毫升，带鸡消毒时每升水加 50%0.3 毫升或 10%1.5 毫升。

6. 挥发性烷化剂 在常温下挥发性烷化剂非常活泼，可与菌体蛋白、核酸、羟基等不稳定氢原子发生烷基化反应，使菌体蛋白或核酸功能改变而产生消毒作用。本类制剂对细菌、芽孢、病毒、霉菌甚至昆虫与虫卵都有杀灭作用，并且是气体消毒，特别适合不宜于液体消毒的情况下使用，最常见是福尔马林（37%的甲醛）与环氧乙烷，用于鸡舍空舍的熏蒸消毒时，每立方米空间 15～30 毫升，加等量水后加热蒸发，或加半量高锰酸钾氧化蒸发。熏蒸消毒时鸡舍温度应不低于 20℃、相对湿度为 60%以上。

（三）带鸡消毒和饮水消毒

带鸡消毒是近年来我国各鸡场应用最广泛的一种消毒方法。要选择过氧乙酸、次氯酸钠、百毒杀和碘伏等对鸡的生长发育无害、又能杀灭病原微生物的消毒剂。有计划地在鸡舍内喷雾消毒，可有效地净化鸡舍内空气，减少尘埃；夏季还有降温的作用，可有效预防多种传染性疾病的发生。因为饮用水是疫病传播的重要途径，所以饮用水的卫生在鸡场消毒中显得越来越重要。一般饮用水的消毒都采用氯制剂，常用的主要是 0.03%～0.05%漂白粉、次氯酸钠等。水中最终端的含氯量达到 1～3 毫克/升，即可收到较好的消毒效果。

带鸡消毒要保证鸡体表可见消毒药液体，这是判定喷雾消毒是否到位的标准。带鸡消毒的目的是对鸡生活的空间环境消毒，同时对鸡的呼吸道黏膜消毒，而不是仅限于鸡的体表。在选择合适的消毒剂以后，带鸡消毒有效与否的关键因素，在于消毒剂雾滴在舍内悬浮的时间与作用速度的匹配程度。影响雾滴在舍内悬浮时间的因素有三点：雾滴大小，经验数据表明，40～80 微米直径雾滴能够很好地满足带鸡喷雾的需要，要根据鸡日龄的不同对雾滴直径大小进行调整，一般是 21 日龄以下小鸡采用大雾滴，而成年鸡用细雾滴。舍内空气流动速度，应尽量减少舍内空气流动，要关闭风机，在夏季要尽可能缩短风机关闭时间。喷雾量，在达到上述雾滴大小要求的前提下，每立方米空间喷雾 30～40 毫升消毒液即可达到理想效果，这样还可以节约消毒药成本。消毒剂的作用速度是由消毒剂本身的性质和环境温度所决定，强氧化剂、穿透性杀菌方式的消毒剂作用速度快；消毒剂的抗菌效果与环境温度呈正相关，温度越高，杀菌能力越强，一般规律是温度每升高 10℃，消毒效果增加 1～1.5 倍。消毒剂的抗菌效力测定通常是在 15～20℃下进行的，许多消毒剂在温度低时，反应速度缓慢，消毒效果受影响，甚至根本不能发挥消毒作用。

（四）鸡场工作人员的卫生消毒

鸡场谢绝参观。进入鸡场的工作人员要在鸡场门口更换鞋，在消毒池消毒后方可进入。每次进出入鸡舍，都要淋浴消毒更衣，穿戴消毒后的工作服、鞋帽，并在消毒池消毒后，才能进入鸡舍。衣服要定期清洗消毒，不穿时放在有紫外线照射消毒的地方。工作人员在接触鸡、种蛋、饲料前或接触病死鸡后，都要用2%的新洁尔灭洗手消毒。

五、无公害散养蛋鸡生产中的药物使用与药残控制

有关内容参见本书第六章第四部分“药物饲料添加剂的使用与监管”。

六、散养蛋鸡的发病特点与防治重点

散养蛋鸡由于沿袭过去散养模式，但又不同于过去零星散养模式，仍然是相对较高密度饲养，结果造成很多疾病的发生，特别是寄生虫病的发生。有些疾病由原来的低发转变为高发。因此，防治这些疾病成了养殖过程中非常重要的问题。

（一）发病特点

1. 寄生虫发病率高 由于饲养规模较大，每批500～600只，而且是连续进栏，就造成了同一鸡场内不同批次的鸡很多，不同日龄的鸡对疾病的抵抗力不同，造成了成年鸡携带的病毒、虫卵传染给幼龄鸡。散养鸡的养殖关键在于草地、林下、山地的放养，在放养过程中，鸡粪便大量排放于环境中，这样的后果是通过粪便传播的寄生虫病可能大面积暴发，主要是球虫病（特别

是小肠球虫病）、组织滴虫病、蛔虫病、异刺线虫病、隐孢子虫病等。

2. 营养性疾病易发　由于散养蛋鸡是在半饲养、半放牧的状态下进行的，而且是连续喂养，一旦自然环境被破坏，得不到恢复，造成环境中的杂草、虫子越来越少，如果仍按照一开始的饲养方式进行，必然导致部分营养元素的缺乏，便出现啄羽、啄肛、掉毛的现象，一方面会出现死鸡，另一方面则影响产蛋率和畜产品品质，使它的市场价值下降，从而影响生产效益。

3. 细菌病发生率下降明显　蛋鸡在散养时，通常比较常见的细菌性疾病发病率明显下降，如鸡大肠杆菌病在散养鸡上发生明显减少，不再作为一个重要的疾病来防治。但由于气候的变化，特别是春秋季节，气温及空气中的湿度会短时间内骤变，而散养的蛋鸡不能及时回舍，被冻着、淋着的情况时有发生，使禽霍乱的发病率有所提高。

4. 呼吸道病发生率较低　在蛋鸡的放牧式养殖中，由于在野外接触的是新鲜空气，因此蛋鸡呼吸道疾病的发生明显减少。

（二）防治重点

预防为主是永远不变的方针。针对上述几种情况，采取不同的措施，必然会降低疾病的发生。

对寄生虫疾病的防治，主要做好药物预防。预防用药为防止产生抗药性，一般采用轮换用药方式。搞好环境卫生，定期清除粪便。鸡场必须制定一个用药计划，按计划投药，不能到发病时再用药。在用药的过程中应细心观察粪便的变化，以便及时调整用药计划。需要指出的是，预防散养蛋鸡的寄生虫病发生有一定难度。大面积清除粪便是一件繁重的工作，必须采取长期休牧和药物预防相结合的方针。而药物预防在生态养殖、无公害蛋品生产中，不能过度使用，应选择一些低毒、无残留的抗球虫药物。

对细菌性和病毒性疾病的防治，一是选择一个好的种鸡场、合格的孵化场，保证苗鸡质量合格；二是随时关注天气的变化，及时做好药物预防。

对营养性疾病的防治，则与防治寄生虫的方法有些类似，需实行有计划的轮牧。

当在林间、果园、棉田散养时，还要小心防止农药中毒。

第十二章 病毒性传染病

一、鸡新城疫

鸡新城疫又叫亚洲鸡瘟，是一种由病毒引起的急性、高度接触性传染病。病毒变异后可能对鸡的致病力不同，因而出现非典型性鸡新城疫症状。本病也可以随飞鸟的迁徙而传播，经验表明散放养鸡时，对鸡新城疫的免疫预防属于鸡场头等重要工作。

（一）流行特点

一年四季都可以发病，以春、秋两季发生较多。雏鸡和育成鸡比成鸡更易感染，传染性较强，病死率较高，高的达 90％～100％。新城疫的病毒主要存在于病鸡的分泌物和排泄物中，被其污染的饲料、饮水、环境和用具，通过消化道和呼吸道感染健康鸡。病死鸡和粪便处理不当是造成本病传染扩散的主要因素，应引起广大养鸡户的重视。

非典型性鸡新城疫的流行特点是：多发生在免疫后鸡群，以免疫前后发病最多。但雏鸡和成年鸡的发病率和死亡率都不高，且新城疫表现症状不明显。

（二）发病症状

消化道症状为主的表现：病鸡精神沉郁，食欲不振，缩颈闭眼，排绿色稀便，急性死亡。病程稍长的病鸡出现消瘦、腿麻痹、头颈扭转等神经症状。

呼吸道症状为主的表现为：伸颈呼吸，甩头，咳嗽，倒提鸡时从口中流出大量黏液。食欲减退，体温升高，精神不振，羽毛蓬乱，有的表现头颈震颤，趾、翼麻痹。

非典型性病鸡表现为：精神欠佳，打瞌睡等，而其他临诊症状则不明显。

（三）病理变化

在典型新城疫病鸡中，常见的一般病理变化为腺胃乳头出血，盲肠扁桃体出血，肠出血或溃疡；气囊混浊，气管中有大量黏液。

非典型性鸡新城疫：腺胃乳头有少量出血，部分肠道有肿胀和出血，少见坏死性变化；盲肠扁桃体肿胀、出血变化较明显。气囊混浊肥厚，有干酪样物。

（四）防制措施

本病尚无有效的治疗方法，免疫接种是预防本病的主要措施。即在本病多发地区：雏鸡 4～5 日龄时，用鸡新城疫Ⅱ系疫苗或鸡新城城疫Ⅳ系疫苗首免；18 日龄再用鸡新城疫Ⅱ系疫苗或鸡新城疫Ⅲ系疫苗二免；34 日龄时用鸡新城疫Ⅳ系疫苗进行第三次免疫，在某些地区第三次可直接用鸡新城疫Ⅰ系疫苗进行免疫。在特殊高发区可以在 5 日龄及 14 日龄各进行 1 次鸡新城疫Ⅱ系疫苗或鸡新城疫Ⅳ系疫苗点眼或滴鼻免疫，28 日龄用鸡新城疫Ⅰ系疫苗进行注射免疫。在疫苗用法上，鸡新城疫Ⅲ系疫苗、鸡新城疫Ⅳ系疫苗也可用于注射接种，这样免疫力产生快，抗体水平也高，并且也可避免激发出呼吸道疾病。

首免，母源抗体较高时，用滴鼻（点眼）给予局部免疫，第二次在抗体水平低时用鸡新城疫Ⅲ系疫苗或鸡新城疫Ⅳ系疫苗注射免疫，当抗体水平高时，可仍采用滴鼻或喷雾免疫。在本病特殊流行区，先用鸡新城疫Ⅳ系疫苗喷雾给予局部免疫，次日再用灭活油佐剂疫苗注射免疫，效果良好。

二、传染性法氏囊炎

传染性法氏囊炎是鸡的一种急性病毒性传染病，病原属于双RNA病毒科，本病又称甘保罗病，以损害鸡的免疫器官——法氏囊为特征，它是一种免疫抑制病，它的发生可导致许多疫苗的免疫接种失败。

（一）流行特点

本病具有传染性强、传播速度快、病程短呈一过性、感染率高和病死率相对不高的特点，鸡群一旦发病，3 天内波及全群，通常 7～10 天后病情稳定。21～35 日龄的雏鸡易感染，但 16 周龄前法氏囊功能仍存在时，都有可能感染。当鸡场或鸡舍一旦被本病毒污染，本病常反复发生。鸡群感染率 100%，病死率为5%～15%。

（二）发病症状

病雏表现精神不振、畏寒、不愿意走动、羽毛蓬松、低头和震颤；排黄白色水样稀粪，肛门黏膜发红，其周围羽毛有粪污，个别鸡有回头自啄肛现象；脚软，严重时倒地侧卧，最后因脱水、极度虚脱死亡。有的雏鸡呈现无症状的亚临床经过，死亡率低，不易发现。

（三）病理变化

感染初期法氏囊水肿，囊壁增厚，质感发硬，外面有黄色胶冻样物包裹，囊呈土黄色或黄白色；将囊壁剪开后，可见内有果酱样、奶油样或干酪样物，有时有出血斑，甚至整个囊像紫葡萄样；感染 5 天后，法氏囊急剧萎缩，8 天后只有原来的 1/3～

1/2。肾苍白肿大，有尿酸盐沉积。脾脏肿大，表面有弥散性灰色点状病灶。盲肠扁桃体和胸腺多有肿胀和出血、充血。大腿外侧肌肉及胸肌呈条索状或斑点状出血。有些鸡的腺胃黏膜有出血斑或出血带。

（四）防制措施

1. 疫苗接种 本病尚无有效的治疗方法，免疫接种是预防本病的主要措施。对来自没有经过鸡传染性法氏囊病灭活疫苗免疫种母鸡的雏鸡（无母源抗体），一般多在 10～14 日龄进行首免，二免应在首免后的 2～3 周进行。对来自接种过鸡传染性法氏囊病灭活疫苗种母鸡的雏鸡，首免可根据琼脂扩散测定的结果而定，一般多在 20～24 日龄间首免，首免后 2～3 周进行第二次免疫。接种灭活疫苗的日龄同上。

2. 卫生管理 对养鸡环境进行彻底消毒，可用 2%火碱、0.5%次氯酸钠、0.2%过氧乙酸等消毒药液喷洒，最后用福尔马林熏蒸，并且要有严格的卫生隔离措施，防止病原体进入鸡舍。

三、传染性支气管炎

传染性支气管炎是一种属于冠状病毒科冠状病毒属的传染性支气管炎病毒（简称 IBV）感染而引起的有高度传染性的常见鸡病。它使鸡发生呼吸道疾病，可给放养鸡造成明显的经济损失。

（一）流行特点

传染性支气管炎病毒的潜伏期很短（18～48 小时），具有高度的接触性传染，因而传播迅速。易感鸡可通过呼吸或食入被污染的饲料和饮水，或与病鸡接触而感染。有少数病鸡在临诊症状消失 4 周甚至更长时间后，依然从粪便中排出病毒。秋、冬季节容易流行，环境条件不良时会促进本病发生。

（二）发病症状

幼龄病鸡表现伸颈，张口呼吸，咳嗽，精神不振，食欲废绝，羽毛松乱，翅下垂，昏睡，怕冷，扎堆，流鼻液。呼吸症状出现 2～3 天后，病雏出现死亡。中雏和大雏发病时，因气管有大量黏液，发出咕噜的异常呼吸音。发病后有的出现黄白色下痢。如果是产蛋鸡发病，则产蛋下降，蛋壳质量变坏，通常没有死亡发生。在 20 日龄左右及其以下日龄感染本病的小母鸡，由于输卵管受到侵害而发育不全，异常短小、闭塞，当长成大母鸡后也不会产蛋。

（三）病理变化

病理变化主要在呼吸器官有浆液性或干酪样渗出物，气管中有黏液栓塞。气囊混浊或有干酪样渗出物。肾脏肿大、苍白，肾小管和输尿管充满尿酸盐。

（四）防制措施

在做好饲养管理工作的同时，进行免疫接种，使鸡获得坚强的免疫力。10～14 日龄用 H_{120} 弱毒疫苗点眼或滴鼻；40 日龄前后用 H_{52} 弱毒疫苗点眼、滴鼻，或每 100 只雏鸡用 200～300 只份疫苗饮水；110～120 日龄用 H_{52} 弱毒苗点眼、滴鼻，或每 100 只鸡用 200～400 只份疫苗饮水免疫。在本病高发地区，同时肌内注射鸡传染性支气管炎病毒油乳剂灭活疫苗。

四、传染性喉气管炎

传染性喉气管炎是由禽疱疹病毒属中的传染性喉气管炎病毒引起的一种急性、接触性传染病。本病的特征是呼吸困难，咳嗽，咳出血样渗出物。喉头和气管黏膜上皮肿胀，甚至黏膜糜烂、坏死和大面积出血。

（一）流行特点

病鸡和带病毒无症状鸡是主要传染源。在鸡群中的感染率可高达90%～100%，死亡率可在5%～70%之间，一般为10%～20%。感染一群鸡大约需1～2周时间。冬、春寒冷时期发病较多。

（二）发病症状

发病初期，常有数只鸡突然死亡，其他患鸡开始流泪，并流出半透明的鼻液，经1天后，病鸡精神沉郁，食欲减退，由于呼吸困难，颜面部紫绀，伸长颈，张口呼吸，可听到呼噜、咕噜的呼吸音。咳嗽时由于喉头、气管内分泌物增多，非常吃力，摇头晃脑地才能咳出血痰和带有血丝的黏性分泌物，有时还咳出干酪样分泌物。病鸡最后多因窒息而死亡。发病期间，病鸡还出现结膜炎、流泪、羞明，进而眼睑部肿胀，不能睁开眼睛，重者失明。有些病鸡出现颈部肿胀。多数病鸡体温上升到43℃以上，间有下痢。

（三）病理变化

病死鸡的嘴角、头部及其他部位的羽毛上常有血痰沾污。病理剖检的主要特征性变化在喉头和气管。病重时，喉头出现变性、出血及黏膜上皮坏死。2～3天后形成干酪样黄褐色固形物质覆盖黏膜表面，时而咳出体外，呈管状伪膜。

（四）防制措施

在做好隔离消毒的同时，采取主动免疫的方法使鸡获得坚强的免疫力，是预防本病最有效的措施。

五、鸡　痘

鸡痘是由痘病毒引起的接触性传染病，夏秋季节多发。主要通过皮肤损伤传染，其中蚊虫叮咬是最主要的传播因素。

（一）流行特点

雏鸡鸡痘多数是20日龄左右开始发生，往往在发病前鸡群状况良好，多数在开始时很难发现，最初只是出现个别鸡眼流泪为特征，经过4～5天后，开始出现大面积鸡痘，并迅速波及大群，感染率因防疫与否而多少不等，有的高达40%。

（二）发病特征

在口角、鸡冠、翅下等少毛或无毛处皮肤出现痘疹，一般称皮肤型鸡痘。另有一种主要在口腔和咽喉部黏膜发生坏死性炎症，形成伪膜，所以又叫“白喉”型鸡痘。病鸡群的病死率较低，但发病率高，可使病鸡生长缓慢，影响产蛋率，并可诱发其他传染病。如鸡群有混合感染发生时，可造成大批死亡。鸡舍拥挤、通风不良、氨气过多、阴暗、潮湿时可促进本病的发生。病鸡发病初期在患部形成灰色小硬节结，突出于皮肤表面，1～2天后形成痂皮，一般7天后痂皮脱落，可见到明显的遗留痕迹。患病雏鸡和幼鸡精神委顿，食欲大减，体重减轻，甚至死亡。若痘长在眼上，则眼流泪，怕光，眼睑粘连甚至失明。白喉型鸡痘无明显的外观症状，只表现呼吸困难，往往因口腔和咽喉部位堵塞而窒息死亡，危害较大。

（三）防制措施

1. 预防接种　1日龄以上鸡均可刺种。6～20日龄雏鸡用200倍稀释的疫苗刺种一下，20日龄以上雏鸡用100倍稀释的疫苗刺种一下，1 月龄以上刺种两下。本苗接种 3～4 天，刺种部位出现红肿、结痂，2～3 周后痂块即可脱落，免疫后 14 天产生免疫力，雏鸡免疫期两个月，成年鸡免疫期 5 个月。首次免疫多在 10～20 日龄左右，二次免疫在开产前进行。为有效预防鸡痘发生，应根据各地情况在蚊虫孳生季节到来之前，做好免疫接种，需要注意的是，鸡痘疫苗免疫后必须认真检查，只有结痂方为有效，如不结痂，必须重新接种。另外，鸡痘疫苗只有皮肤刺种才能有效，肌肉注射效果不好，饮水则无效。避免在接种鸡痘时使用消毒药和抗菌药，应该在防疫前后增加维生素 C 和维生素 A、维生素 D 的含量，同时搞好鸡舍的环境卫生，加强饲养管理等。

2. 对症治疗 可剥除痂块，伤口处涂擦紫药水或碘酊。口腔、咽喉处用镊子除去伪膜，涂敷碘甘油，眼部可把蓄积的干酪样物挤出，用 2%的硼酸液冲洗干净，再滴入 5%的蛋白银液。大群鸡用鸡痘散和吗啉胍混料，连用 3～5 日。为防止继发感染，可在饲料或饮水中加入广谱抗生素，如环丙沙星、恩诺沙星等连用 5～7 日。在不继发感染葡萄球菌、腺胃炎等其他传染病的前提下，死亡率较低，只是影响采食和增重。一旦因饲养管理不善，环境条件恶劣等外界因素而继发葡萄球菌等病时，则死亡率急剧增加，甚至达到 50%～60%。继发葡萄球菌等病时，在使用病毒清、氨苄青霉素的同时增加饲料中维生素 B 族的用量，丁胺、庆大等药物虽然药敏试验效果很好，但因在鸡肠道中很少吸收，所以效果不佳，因此，在治疗个别病鸡混合感染葡萄球菌病时，最好进行肌肉注射。如果发现效果不佳应及早处理，以免造成更大的损失。

六、鸡马立克氏病

鸡马立克氏病是由疱疹病毒引起的一种传染性、肿瘤性疾病。

（一）流行特点

一般小鸡比大鸡、母鸡比公鸡、外来品种比本地品种易发此病，以 2～4 月龄鸡发病率最高，病死率一般为 10%～80%。皮肤（羽毛囊上皮）是完整病毒颗粒复制的唯一场所，感染鸡群的羽毛、排泄物、分泌物、粉尘均含有病毒，且有传染性。本病经呼吸道、消化道感染。

（二）发病症状

急性发作时呈现精神委顿，羽毛松乱，行走迟缓，减食，消瘦，独居一隅。病程一长，鸡冠萎缩，眼瞎，鸡腿或翅膀一侧或两侧麻痹，拉绿色粪便。本病可分为 4 个类型。

1. 皮肤型　皮肤、肌肉上可见肿瘤结节或硬肿块，毛囊肿大，脱毛，肌纤维失去光泽，严重感染，小腿部皮肤异常红。

2. 神经型　表现为神经麻痹、运动失调。常引起一肢或两肢呈不同程度的麻痹，一肢向前伸，一肢向后展，形成马立克病特有的“劈叉”姿势，一侧坐骨神经由于淋巴浸润而肿大 2～3 倍，呈淡黄色，无光泽，并且神经上横纹消失。

3. 内脏型　主要在肝、脾、肾、心、腺胃、卵巢、肠系膜等内脏器官出现单个或多个肿瘤病灶，有肿瘤的器官比正常大1～3倍。病鸡腹部膨大、积水。

4. 眼型　一侧或两侧瞳孔缩小，虹膜变为灰色并浑浊，视力减弱或失明，瞳孔边缘不整齐。

（三）病理变化

神经肿瘤样增大病变是马立克氏病的诊断性病状，在坐骨神经及臂神经上最容易观察到。皮肤和眼的肿瘤大多与马立克氏病有关。在羽毛囊四周的细小白色小肿瘤是诊断马立克氏病的特异病变。眼睛表现灰暗、呆滞，可能是初期症状，后期眼内有灰白色的生长物。当6～30周龄的鸡发现内脏肿瘤时，无论有没有瘫痪发生，都必须考虑发生马立克氏病的可能。

（四）防制措施

主要是做好疫苗接种。常用的疫苗有火鸡疱疹病毒苗（HVT）、需液氮保存的二价或三价马立克氏病毒疫苗；液氮保存的马立克氏疫苗多为Ⅰ型＋Ⅱ型、或Ⅰ型＋Ⅲ型、或Ⅱ型＋Ⅲ型，在免疫效力上明显优于HVT疫苗。

七、禽 流 感

禽流感病毒属于正黏病毒科A型流感病毒，根据病毒囊膜表面具有血凝素和神经氨酸酶的抗原性不同可分为170多个血清亚型，各血清亚型之间缺乏交叉免疫保护性。其中以H5、H9和H7型致病能力较强。温和型禽流感是由H9和H7型引起的。下文针对温和型禽流感。

（一）发病症状

表现为发病初期病鸡羽毛松乱，精神沉郁，嗜睡，发病期间食欲减退或不食，饲料消耗量减少，贫血、消瘦；母鸡的就巢性增强，排黄绿色粪便；有呼吸道症状，病鸡咳嗽、打喷嚏、甩鼻，气管有啰音，肿头肿脸，眼红流泪、结膜发炎、分泌物增多，冠髯发绀，脚趾鳞片呈蓝紫色，有时出血，病鸡出现头颈抽搐或震颤等神经症状，产蛋鸡的产蛋量急剧下降，幅度为5%～50%。病程长达30天甚至更长。这些症状中的任何一种都可能单独或以不同的组合出现。

（二）病理变化

剖检可见心包积液或心包增厚、肝脾出血，胰腺有白色坏死点，腺胃乳头溃疡、出血；卵巢充血、出血；腹部脂肪、内脏浆膜、心脏冠状脂肪出血；输卵管有白色脓性分泌物，腹腔内有破裂的卵黄。

（三）防制措施

发生本病有多种原因，但主要是由免疫不当造成的，所以笔者建议在鸡群产蛋前进行三次免疫，分别在10～30日龄进行首免，60～70日龄进行二免，120～130日龄进行三免，这样基本上可以避免发病。另外进入产蛋期后（鸡250日龄左右）还需要加强免疫1次，在本病流行地区要加强抗体检测，对已发病的鸡群可用灭活疫苗紧急接种。

八、减蛋综合征

（一）流行特点

所有品种的鸡都可感染，产褐壳蛋的母鸡最易感；所有日龄的鸡均可感染发病，但主要发生在产蛋高峰前后。本病主要是通过鸡胚垂直传播，但水平传播也很严重。

（二）发病特点

无明显临床症状，偶见精神、食欲稍差，轻度腹泻；主要表现为产蛋量下降30%～50%，发病4～10周后逐渐恢复，但很难达到正常水平。蛋壳颜色变浅，薄壳、软壳、无壳蛋及沙皮蛋显著增加，鸡蛋大小不等、畸形。异常蛋中蛋黄周围的蛋清浓稠、混浊，其余蛋清则透明如水，有时蛋中混有血液；种蛋受精率正常，但孵化率明显降低，弱雏增多。

（三）病理变化

病鸡的卵巢萎缩、变小或有出血，患鸡输卵管狭窄部和子宫有卡他性炎症，输卵管管腔内有黏液渗出，黏膜水肿、苍白、变厚，呈卵黄性腹膜炎病变。

（四）防制措施

1. 为避免垂直感染，应从正规、非感染鸡场引种。

2. 给青年母鸡产前在18～20周龄接种减蛋综合征油苗，会有较好的预防作用。

3. 加强管理、消毒、隔离等综合防制措施，可减少本病发生。

4. 在未发病鸡群产蛋高峰前后，可用粉剂“优康”拌料或饮水进行预防，阻断病毒复制，提高机体抵抗力；对发病鸡群，可用水剂“优康”饮水，同时投服抗菌药物，补充电解多维，配合清热解毒、活血化淤的中草药可促进机体康复。

第十三章 细菌性传染病

一、鸡大肠杆菌病

鸡大肠杆菌病是由某些血清型的致病性大肠埃希氏菌引起的一种人类与动物共患的多型性传染病，引起鸡急性败血症、脐炎、气囊炎、全眼球炎、肉芽肿、心包炎、肝周炎、关节炎、输卵管炎、蛋黄腹膜炎等。分别发生于鸡的胚胎期至产蛋期，以上这些疾病有一定的内在联系。

（一）流行特点

大、小鸡都可感染，雏鸡、青年鸡比成鸡更敏感，一年四季均可流行，但以潮湿的梅雨季节多发。细菌污染周围环境、垫料、饲料、水源和空气，当鸡体抵抗力降低时，细菌便会侵害鸡体，导致大肠杆菌病暴发。若污染种蛋，则雏鸡会形成显性或隐形感染。

（二）发病症状

鸡群日死亡率突然升高，随后便出现呼吸道症状，如呕罗声的呼吸音，在夜晚听得特别清楚。与此同时，可观察到整个鸡群的鸡精神不振，饲料消耗减少。在几天内，患病鸡群的死亡率会比平时高出 2～3 倍，患鸡生长停滞，群内鸡只大小参差不齐，饲料转化率低。

（三）诊断

根据病史、症状、放养鸡的特征性病变（气囊炎、心包炎、肝周炎）以及病原菌的分离培养作出诊断。

（四）防治措施

1. 预防措施

（1）改善饲养管理，排除诱因，如换气不及时、保温不良等。

（2）搞好环境卫生，防止鸡舍内饲具、饲料和饮水被大肠杆菌污染。

（3）本病可引起垂直传播。因此，要注意种鸡的健康和种蛋的消毒。

（4）并发和继发感染是本病的一个特点，如经支原体病净化的鸡群可明显减少由大肠杆菌引起的呼吸道感染。

（5）本病菌对热抵抗力弱，60℃、30分钟即可杀死，对酸性消毒药的抵抗力也比较弱，可利用热和酸性消毒药进行消毒。

（6）导致发病的大肠杆菌的血清型较多，各地区各鸡场流行的血清型差异又较大。因此，在使用目前的灭活菌苗时，应选择与当地分离到的血清型相同的菌苗进行免疫预防。

2. 药物治疗　由于一些鸡场平时经常使用抗菌药物，致使大肠杆菌的致病菌株对待这些抗菌药物常有不同程度的耐药性。因此，在使用药物前，应先分离病原做药敏试验，以筛选出最敏感的药物。常用药物有新霉素、硫酸安普霉素、牛至油等。

二、鸡白痢

鸡白痢是由鸡白痢沙门氏菌引起的鸡和火鸡等禽类的传染病。雏鸡呈急性败血性经过，以白痢为主要外表症状；成鸡多呈慢性经过或无症状感染。

（一）流行特点

传染来源主要是病鸡和带菌鸡。被病原菌污染的粪便、飞沫、饲料、饮水、器具等通过消化道、呼吸道、眼结膜、泄殖腔或经精液等途径在鸡群中横向传播，亦可通过蛋垂直传播。一般多发生于3周龄内雏鸡，发病率和死亡率均很高。成鸡呈慢性或隐性经过，或为带菌者而成为最危险的传染源。

（二）发病症状

感染蛋在孵化过程中可出现死胚，孵出的弱雏及病雏常于1～2天内死亡，并造成雏鸡群的横向传染。出壳后感染者见于4～5日龄，常呈急性败血症死亡，7～10日龄发病鸡日渐增多，至2～3周龄达到高峰。最急性者常呈无症状突然死亡。急性者表现畏寒、气喘、不食、翅下垂、昏睡、排出白色或带绿色的黏性糊状稀便并污染肛门四周，糊状粪便干涸后堵塞肛门，致使病雏排粪困难，而发出凄厉的尖叫声，不少病雏还出现关节肿胀。耐过的病雏多发育不良，成为带菌者。

（三）病理变化

蛋黄吸收不良，内含淡黄油样或干酪样物，并有腹膜炎。心肌、肝脏、肺、肠道后段以及肌胃等处出血或有坏死性病灶及结节。慢性型母鸡外表无明显变化，但剖检则见腹腔内卵泡变形、变色与变质，有的还呈囊肿状，有时发生腹膜炎和心包炎。公鸡感染常见到睾丸和输精管肿胀，渗出物增多或化脓。

（四）防治措施

加强雏鸡的饲养管理，育雏室保持清洁卫生，室温应根据雏鸡日龄调整；饲具及饮水器及时清洗消毒，注意通风换气，并注意合理地配合日粮。

鸡白痢菌对抗菌药物有很高的感受性。预防时可选用硫酸黏杆菌素、牛至油等。治疗时用盐酸环丙沙星，按每千克体重 50 毫克饮水，连饮 3～5 天；也可选用新霉素、吉他霉素进行治疗。

三、鸡伤寒

鸡伤寒是发生于成年鸡和青年鸡的败血性传染病，以肝、脾等实质器官的病变和下痢为特征。本病是由鸡伤寒沙门氏菌引起的。

（一）发病症状

主要发生于 3 周龄以上的青年鸡及成年鸡，病鸡所表现的症状是，精神不振，羽毛松乱，头下垂，不吃料。较有特征的症状是，腹泻，排淡黄色至绿色稀粪，玷污肛门四周的羽毛，频频饮水，如发生腹膜炎，呈企鹅样的站立姿势。慢性病鸡消瘦、贫血，冠及肉髯苍白色。

（二）病理变化

肝、脾肿大 2～4 倍，肝表面呈黄色或古铜色，肝和心肌上有白色或淡黄色的坏死点。胆囊扩张，布满绿色油状胆汁。有时可见心包膜与心脏粘连。

（三）诊断要点

1.3 周龄以上的青年鸡或成年鸡，病鸡贫血，冠及肉髯苍白。

2. 排黄绿色稀粪；肝、脾肿大 2～4 倍，肝呈古铜色。

（四）防治措施

1. 重病鸡及时淘汰处理，轻病鸡隔离治疗，鸡舍及场地要彻底消毒。

2. 预防时可选用硫酸粘杆菌素、牛至油等。治疗时用盐酸环丙沙星，按每千克体重 50 毫克饮水，连饮 3～5 天；也可选用新霉素、吉他霉素进行治疗。

四、鸡副伤寒

本病的病原主要是鼠伤寒沙门氏菌，为革兰氏阴性小杆菌。本菌对热和常用的消毒药物敏感，如碱类、酚类及醛等可使之迅速灭活。

（一）流行特点

本病以雏鸡发病最严重。病原主要存在于粪便及被其污染的饲料、饮水和粉尘中，猫、鼠、蛇、飞禽、苍蝇是副伤寒沙门氏菌的重要带菌者和传播媒介。本病可经消化道、呼吸道和损伤的皮肤或黏膜感染，垂直传播也是本病的重要传播途径。不良的饲养管理因素可促进本病的发生与蔓延。

（二）发病症状

雏鸡一般在出壳后数天发病死亡。患雏闭目，垂翅，蓬松羽毛，厌食，畏寒，水样下痢，肛门黏结粪便，或有眼结膜炎、鼻窦炎等。成鸡发病的临床症状为鸡群陆续出现精神不振、食欲减退、冠髯苍白、“垂腹”、下痢，病鸡逐渐衰弱死亡。

（三）病理变化

表现为肝脏肿大，常为古铜色，表面有点状或条纹状出血及灰白色坏死灶；肺脏发生灶性坏死；胆囊肿胀；脾脏肿大，表面有斑点状坏死；肾脏肿大；心包炎，心肌炎；其他病理变化还包括气囊炎，关节炎，鼻窦炎，肠炎（盲肠腔内形成“栓子”样病理变化）。成鸡尚有卵巢炎、输卵管炎等表现。

（四）防治措施

综合采取下列措施，可以有效地控制鸡副伤寒的发生。

1. 保证鸡群各个生长阶段、生长环节的清洁卫生，杀虫灭鼠，防止粪便污染饲料、饮水、空气、环境等。

2. 加强饲养管理，保证提供良好的营养和保证栏舍良好的温度、湿度、密度、通风，尽量减少不良刺激。

3. 药物预防和治疗：选择敏感药物预防和治疗鸡副伤寒，防止本病扩散。常用药物有庆大霉素、氟喹诺酮类、壮观霉素、磺胺二甲基嘧啶等。

4. 在饲料中添加微生态制剂，利用生物竞争排斥的现象预防鸡副伤寒。常用的商品制剂有促菌生、强力益生素等，具体使用可按照说明书。

五、禽 霍 乱

禽霍乱是由多杀性巴氏杆菌引起的一种热性败血症，以发病急、病程短、死亡快为特征。死前往往无明显临诊症状，只有通过剖检变化，才能作出初步诊断。

（一）流行特点

家禽、野禽都易感，但雏鸡对本病的抵抗力要好于青年鸡和成鸡。一年四季均可流行，尤其多发于夏季。主要传染来源是由于引进了带菌的鸡，这种带菌鸡经常或间歇地排出病原体，污染周围环境。鸡群饲养管理不良，鸡体内有寄生虫，营养缺乏，天气突变，阴雨潮湿及鸡舍通风不良等因素，都有可能促进本病的发生和流行。

（二）发病症状

急性型看不到症状，鸡突然死在鸡舍里。急性型体温高，冠及肉髯颜色变深黑紫色，不吃食、不饮水，闭目缩颈。腹泻严重，粪便灰黄色或绿色。呼吸困难，发病后几小时或 1～3 天死亡。慢性型是急性耐过鸡，精神不振，冠、髯水肿，关节肿大，跛行，长期腹泻。

（三）病理变化

绝大多数可见肝肿大，肝表面有针尖大小的灰白色坏死点、心包积液、心冠沟脂肪出血及十二指肠出血等病变。根据鸡群的发病情况，尤其是急性死亡病例突然增多，结合特征性病理变化，抗生素试验性治疗有效时，可作出假定性诊断。最后通过实验室诊断可以确诊。

（四）防治措施

严格执行综合防疫措施。治疗可每只成鸡肌内注射青霉素 3 万～5 万单位，每天 2～3 次，连续 3～5 天；或链霉素 10 万单位，每天 2～3 次，连续 3～5 天；或按饲料量比例加入 0.2％土霉素或四环素，连用 5 天；或用 0.5％～1％的磺胺拌料，连用 5 天，效果也可以。也可用中草药疗法，其配方为藿香 30 克，板蓝根 80 克，黄连 30 克，苍术 60 克，黄芩 30 克，厚朴 60 克，黄柏 30 克。以上药物混合后加工成粉状，成鸡日喂 2 次，每次喂 1～1.5 克为治疗量，预防量则减半。

六、鸡传染性鼻炎

鸡传染性鼻炎是由副鸡嗜血杆菌引起的一种急性或亚急性呼吸道传染病。感染鸡主要以鼻黏膜发炎，流鼻涕，眼睑水肿和打喷嚏为特征。

（一）流行特点

大小鸡都感染，以 2～6 周龄鸡发病率最高，一年四季均可流行，但多发生在秋、冬季节。主要通过接触、空气传播，严重的发病率达 50％以上，病死率达 10％～20％以上。

（二）发病症状

上呼吸道感染，鼻窦严重肿胀，流鼻涕，眼发炎，面部严重肿胀，引起单侧或双目紧闭。潜伏期为 1～3 天，具有暴发性。

（三）病理变化

主要表现为鼻腔和鼻窦的黏膜呈炎性充血和水肿，偶见肺炎和气囊炎，鼻腔、眶下窦和气管黏膜上皮细胞脱落、裂解和增生，黏膜固有层水肿、充血和异染细胞浸润，毛细支气管细胞肿胀并增生，严重者可见急性卡他性支气管肺炎。

（四）防治措施

健康鸡可在 25 日龄和 120 日龄接种鸡传染性鼻炎油乳剂灭活菌苗进行免疫，每只鸡注射 0.15～0.2 毫升。治疗用土霉素按饲料量比例加入 0.2％，连用 7 天。也可用红霉素，每吨饲料加 185 克，连喂 5～8 天。

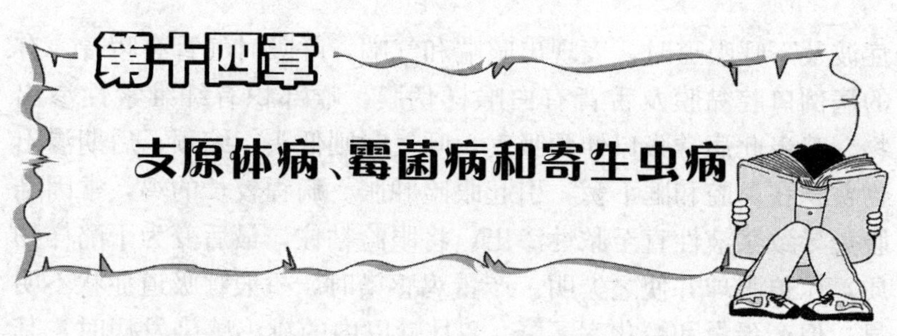

第十四章 支原体病、霉菌病和寄生虫病

一、鸡支原体病

鸡支原体病是败血支原体（霉形体）引起的一种慢性呼吸道传染病，其特征为病鸡咳嗽、鼻窦肿胀、流鼻液；气喘并有呼吸啰音，雏鸡生长发育不良，母鸡产蛋减少。本病发展缓慢，病程较长，可在鸡群中长期蔓延，常并发或继发其他病毒性、细菌性传染病而致病情加剧，死亡增多。虽然有多种高效药物对该病有较好疗效，但很难根治，容易复发，往往整个饲养期病情都处于时起时伏、时轻时重的状态，给养鸡生产造成重大损失。

（一）流行特点

该病的潜伏期 10～21 天，发病时主要呈慢性经过，其病程常在 1 个月以上，甚至达 3～4 个月，病情表现为“三轻三重”：即用药治疗时轻些（症状可消失），停药久时重些（症状又较明显）；天气好时轻些，天气突变或连阴雨时重些；饲养管理良好时轻些，反之重些。

（二）发病症状

幼龄病鸡表现食欲减退，精神不振，羽毛松乱，体重减轻，鼻孔流出浆液性、黏液性直至脓性鼻液，常表现甩头、打喷嚏等，炎症波及周围组织时，常伴发鼻窦炎、结膜炎及气囊炎。炎症波及下呼吸道时，表现出咳喘和气喘，呼吸时气管有啰音，有的病例口腔黏膜及舌背有白喉样伪膜，喉部积有纤维素性渗出物。鸡患此病常张口伸颈吸气，呼气时则低头、缩颈，后期渗出物蓄积在鼻腔和眶下窦，引起眼睑肿胀。病程较长的鸡，常因结膜炎导致浆液性直至脓性渗出，将眼睑粘住，最后变为干酪样物质，压迫眼球并使之失明。产蛋鸡感染时，一般呼吸道症状不明显，但产蛋量和孵化率下降。2 月龄以内的雏鸡感染发病时，其直接死亡率与治疗、饲养条件有很大关系，一般在 5%～10%，成年鸡感染很少发生死亡。

（三）病理变化

病变主要在呼吸器官，鼻腔中有多量淡黄色混浊黏稠的恶臭味渗出物。喉头黏膜轻度水肿、充血和出血，并覆盖有多量灰白色黏液性或脓性渗出物。气管内有多量灰白色或红褐色黏液。病程较长的病例气囊壁混浊，表面呈连珠状，内部有黄白色干酪样物质，有的病例可见一定程度的脑炎病变。严重病例在心包膜、输卵管及肝脏出现炎症。

（四）预防措施

对种鸡群进行血清学检查，淘汰阳性鸡，以防止垂直传染。对感染过该病的种鸡，每半月至 1 月用强力霉素饮水 3～4 天，1 克强力霉素兑水 10 升，对减少种蛋中病原体有一定作用。蛋入孵前在红霉素液（每升水中加红霉素 0.4～1 克）中浸泡 15～20 分钟，对杀灭蛋内病原体有一定作用。雏鸡出壳时，用氧氟沙星饮水或滴口。对被污染鸡群可普遍接种鸡败血支原体油乳苗，10～20 日龄鸡每只颈背部皮下注射 0.2 毫升，成年鸡颈背部皮下注射 0.5 毫升，无不良反应，平均预防效果在 80%左右，注射菌苗 15 日开始产生免疫力，免疫期约 5 个月。

用于治疗该病药物很多，除青霉素外，其他抗菌类药物均有效。药敏试验发现，支原体对链霉素、恩诺沙星、泰乐菌素、红霉素均很敏感，但链霉素易产生耐药性，不宜长期用。由于支原体易产生抗药性，长期使用单一药物，往往效果不好，在使用时药量一定要足，疗程不宜太短，一般要连续用药 3～7 天，且最好是几种药物轮换使用或联合使用，如链霉素、红霉素、恩诺沙星、泰乐菌素等。

二、雏鸡曲霉菌病

雏鸡曲霉菌病又称霉菌性肺炎，主要发生于 2 周龄前幼禽，病禽以呼吸困难为主要特征。曲霉菌属中致病性最强且最常见的是烟曲霉菌，此外黄曲霉、黑曲霉等也有不同程度的致病性。

（一）临床症状

病鸡主要表现为呼吸困难、仰头张口、气喘啰音，伴有浆液鼻漏；精神委顿、闭目嗜睡、食欲减退，极个别出现神经症状。

（二）病理变化

主要病变在肺和气囊。肺淤血，水肿，肉变，气囊混浊，肺及气囊均有绿豆大小黄白色硬性坏死结节或霉斑，个别在支气管、肠系膜可见结节。

（三）治疗

1. 彻底更换垫料，加强棚舍空气流通。

2. 制霉菌素拌料，每只鸡每次 6 000 单位，每天 2 次连用 5 天，硫酸铜按 1∶2 000 饮水，每天 8 小时，连用 5 天。

3. 辅以恩诺沙星、电解质多维投喂，维持机体平衡，防止继发感染。

三、鸡球虫病

鸡球虫病是由一种单细胞的寄生原虫引起。鸡球虫类型有 9 种。2 月龄内的雏鸡感染球虫后死亡率较高。球虫卵囊从粪便中排出，在环境条件合适时在垫料里发育，形成感染性卵囊。当鸡食入感染性卵囊后，卵囊壁被消化溶解，球虫的子孢子游离出来，钻入肠上皮细胞，发育成裂殖体，裂殖体又进一步分裂为裂殖子，经过若干代次的无性繁殖后，某些裂殖子转化为有性的配子体，由配子体形成卵囊，形成球虫完整的生活史，一般在鸡体内球虫病的潜伏期为 4～6 天。

（一）发病症状

病鸡食欲明显下降，精神委顿，缩颈闭目，呆立一隅，可视黏膜苍白，饮水增加。腹泻，轻者排出带血粪便，重者为鲜红色的血便，有时血便呈暗红色，泄殖腔周围的羽毛被粪便玷污，羽毛松乱。

（二）病理变化

肠壁硬化，肠黏膜充血，肠壁上有白色结节，肠腔内黏液增多，少见肠道出血。

（三）防治措施

平养鸡应保持垫料干燥、清洁；笼养鸡要保证饲料、饮水不受鸡粪污染。平养鸡在育雏、育成过程中，根据垫料情况，可在饲料中混入抗球虫药如氯苯胍等，且药物要交替使用。鸡群一旦发生球虫病，要在饲料中加入足量（允许的最大量）的抗球虫药，如每吨饲料中加入 40 克氯苯胍。在治疗同时，每只每天补加维生素 K1～2 毫克，清鱼肝油 10～20 毫升或维生素 A、维生

素 D_3 粉适量，并适当增加多种维生素用量。

四、鸡组织滴虫病

鸡组织滴虫病也叫盲肠肝炎或黑头病，是由组织滴虫属的火鸡组织滴虫寄生于禽类盲肠或肝脏引起的。多发于火鸡雏和鸡雏，成鸡虽也能感染，但病情轻微，有时不显症状；野鸡、孔雀、珍珠鸡及鹌鹑等，有时也能感染。本病的主要特征是盲肠发炎和肝脏表面产生一种具有特征性的坏死性溃疡病灶。

（一）流行特点

本病系通过消化道感染，发生于夏季，3～12 周龄的火鸡雏与鸡雏易感性最强、死亡率也高，成鸡多为带虫者。本病常发生在卫生和管理条件不好的鸡群。鸡群过分拥挤，鸡舍和运动场不清洁，通风和光线不足，饲料中营养缺乏，尤其是缺乏维生素A，都是诱发和加重本病流行的重要因素。

（二）发病症状

病鸡首先表现精神委顿，食欲减退，以后食欲废绝，羽毛粗乱，翅膀下垂，身体蜷缩，怕冷，打瞌睡，下痢，排出淡黄色稀粪。在急性严重病例，排出的粪便带血或完全是血液。有些病鸡，特别是病火鸡的面部皮肤变成紫蓝色或黑色，故有“黑头病”之名。本病的病程通常为 1～3 周，病愈康复鸡的粪便中仍含有原虫，带虫时间可达数月，5～6 月龄的成年鸡很少呈现临床症状。

（三）病理变化

本病的病变主要局限于盲肠和肝脏，一般仅一侧盲肠发生病变，不过也有两侧盲肠同时受损害的。在最急性病鸡仅见盲肠发生严重的出血性炎症，肠腔中含有血液。在典型的病鸡，可见盲肠肿大，肠壁肥厚和紧实，像香肠一般。剖开肠腔，内容物干燥坚实，变成一段干酪样的凝固栓子，堵塞在肠腔内。把栓子横断切开，可见切面呈同心圈状，中心是黑色的凝固血块，外面包裹着灰白色或淡黄色的渗出物和坏死物质。如果病鸡痊愈，这种栓子状物可随粪便排出体外。盲肠黏膜发炎出血，形成溃疡，表面附有干酪样的坏死物质。这种溃疡可达到肠壁的深层，偶可见发生肠壁穿孔，引起腹膜炎而死亡。肝脏的病变具有特征性，体积增大，表面形成一种圆形或不规则的、稍稍凹陷的溃疡病灶，溃疡处呈淡黄色或淡绿色，边缘稍为隆起，形状和颜色十分特殊（金钱斑）。溃疡病灶的大小和多少不一定，有时可互相连成大片的溃疡区。

（四）防治措施

平时严格做好鸡群的卫生和管理工作。成年鸡体内能够携带原虫，必须与幼鸡分开饲养。异刺线虫的虫卵能够携带组织滴虫，定期给鸡服用地美硝唑以驱除异刺线虫，对于预防盲肠肝炎的发生具有很重要的意义。鸡群一旦发生该病，应立即将病鸡隔离治疗。重病鸡宰杀淘汰，鸡舍内地面用3%氢氧化钠溶液消毒。复方敌菌净每千克饲料 300 毫克拌饲，连续喂 5～7 天。维生素 K 和维生素 A 可促进病鸡盲肠与肝脏损伤的恢复。

五、鸡蛔虫病

鸡蛔虫病是由鸡蛔虫寄生在小肠内而引起的一种线虫病。

（一）流行特点

常发生于卫生不良的鸡场，主要危害 3～10 月龄内的鸡，1 年龄以上的鸡常为带虫者，一般不显症状，平养比笼养鸡容易感染。温暖季节发病率高。饲养管理不善，饲料中维生素缺乏（尤其是维生素 A 和核黄素缺乏）等可促使发病，影响生长发育。

（二）发病症状

轻度感染时常无明显的临诊症状。严重感染时，幼鸡表现为食欲减退，精神萎靡，行动迟缓，翅膀下垂，羽毛松乱，冠和肉髯苍白，腹泻，躯体逐渐消瘦。感染极严重者粪便可能血染，有时表现麻痹，常因极度衰弱而死亡。成鸡一般不会严重感染，个别严重感染者，表现瘦弱、贫血、产蛋减少和不同程度的腹泻。

（三）剖检变化

剖检病鸡时可于大、小肠内发现成虫。感染严重时，成虫大量聚集，可能发生肠阻塞或肠破裂，偶尔在输卵管和鸡蛋中也能发现虫体。

（四）防治措施

1. 预防　实行全进全出制。注意做好鸡群的卫生工作，鸡舍和运动场的粪便要经常清扫，并将粪便堆在远离鸡舍的偏僻场所，进行生物热消毒，以杀死虫卵。鸡舍内垫草要勤换，换下的垫草最好烧毁或与粪便一起堆沤进行无害化处理。幼龄鸡与成鸡分群饲养，避免混养，以防交叉感染。定期用越霉素 A 或潮霉素 B 驱虫。加强饲养管理，饲料中要含有足够的动物性蛋白质和维生素 A、核黄素，以提高鸡体对寄生虫的抵抗力。

2. 治疗

（1）枸橼酸哌嗪（驱蛔灵）　按每千克体重投服 200～300 毫克；在大群驱虫时可将药物研细，按 0.2%～0.4%均匀地混入粉料中喂服，1 日 3 次。一般于用药后 3 小时开始排虫，8 小时以内虫体基本排完。通常在傍晚时给药，次日早晨将鸡群放入运动场后，清扫鸡舍，并将排出的虫体和鸡粪堆沤做生物热消毒。但按上述用药剂量对驱除幼虫效果不好，为驱除幼虫可将用药量增至每千克体重 1.5～2 克。此药的优点是安全，副作用轻微。

（2）*左旋咪唑* 口服量是每千克体重 25 毫克，大群驱虫时，可拌入少量饲料中饲喂。

（3）*硫化二苯胺* 幼鸡每千克体重喂服 0.3～0.5 克，成鸡每千克体重用 0.5～1 克，混合在饲料中连喂 2 天。

为达到彻底驱虫的效果，经口投药前要求停食 3～4 小时，用药后要及时清扫粪便，并将粪便进行生物热消毒处理，如能在用药 1 周后再用药 1 次效果会更好。

六、鸡绦虫病

鸡绦虫病是由戴文科的绦虫寄生于鸡小肠内引起，临床上主要引起产蛋下降，生长缓慢，严重者可引起死亡。

（一）流行特点

大小鸡均有发病，死亡率为 3%～5%。发病鸡群多数都存在环境卫生条件差、管理不好的现象。

（二）发病特点

严重感染的雏鸡表现下痢，粪便中出现大量绦虫节片，食欲降低，逐渐消瘦，双翅下垂，被毛粗乱，贫血、生长发育受阻，严重时死亡，成年母鸡产蛋量下降，最多下降三成。

（三）剖检病变

主要病变在小肠，小肠内有大量虫体，虫体乳白色，体长在 6～25 厘米不等，肠黏膜肥厚，肠腔内有多量黏液，肠黏膜上有出血点，肠壁上有结节，虫体寄生数量 5～56 条，有的鸡因发生

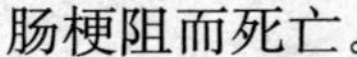

肠梗阻而死亡。

（四）治疗

使用氟苯咪唑混饲，每千克饲料添加 30 毫克有效成分，连用 4～7 天，同时在饮水中添加复合维生素 B，促进消化。经以上方法治疗 1 周后鸡群逐渐恢复到正常状态。

第十五章 杂 症

一、啄 癖

啄癖亦称恶癖或异食癖，多发于群养鸡。根据啄癖的类型可以分为啄羽癖、啄肛癖、食蛋癖和异食癖。它的发生，不分季节，不分日龄，无论蛋鸡、肉鸡或种鸡，无论平养或笼养，均可发生。表现为攻击伤害同群鸡，同类残食，自食或争食所下的蛋，以至吞食各种不应食的异物。鸡群中一旦发生，诸鸡效仿。情况严重时，啄癖率可达80%以上，死亡率可高达50%。

(一) 病因

引起鸡啄癖的诱因主要有以下几种：

1. 日粮中营养成分不足，或各种营养成分比例失当。

2. 养鸡环境不佳，饲养管理失当。

3. 患有寄生虫病，鸡因有痒感而自啄，一旦出血便会迅即招来群鸡争啄。

4. 鸡和雏鸡在换羽生出新毛芽时，皮肤发痒，自啄解痒时偶尔啄伤出血，也能招来群鸡争啄。

(二) 预防

1. 喂给全价营养的配合饲料，并补喂沙砾，提高鸡的消化率。

2. 适时断喙和修喙，在7～10日龄时进行断喙，是防治啄癖较好的一种方法。

3. 根据具体情况，对体内寄生虫作预防性驱虫，并及时消灭体表寄生虫。

（三）治疗

1. 查清原因 主要是查日粮中各种营养成分（包括各种维生素及微量元素）是否达到饲养标准；查温度、湿度、饲养密度、光照、空气等环境条件是否合适；查组群是否合理；查给料给水是否按时，等等。然后针对原因，确定具体解决方案。对少数病态明显、具有异食癖的鸡应及早淘汰。

2. 对症治疗 用硫酸亚铁和维生素 B_2 治疗啄羽有显著效果。体重500克以上的鸡，每只每次服硫酸亚铁0.9克，维生素 B_2 2.5毫克，每天2～3次，连服3～4天；在鸡的日粮中加入1%硫酸钠或1%～2%石膏粉（市售的天然石膏），直至啄癖消失。或者对15日龄左右的雏鸡，按每只每次给土霉素25毫克，干酵母150毫克，麦芽粉100毫克，拌入日粮中饲喂，每天3次，连用6天。被啄鸡的伤口擦涂消毒药液或杀菌药膏，如樟脑油、碘酊、紫药水和鱼石脂软膏等。待伤口痊愈、没有渗出液时，再送回原群饲养。在日粮中加入3%的羽毛粉或0.2%的蛋氨酸，直至啄癖消失为止。

3. 对顽固病鸡群的措施 经治疗无效的顽固病鸡群，可在放养场内设沙浴坑、稻草捆或悬挂野草、青菜等，设法诱鸡多活动，以分散鸡的注意力，使其恢复正常的生理功能。

二、痛 风

痛风是由于蛋白质代谢障碍而引起尿酸盐在体内蓄积的营养代谢性疾病。

（一）病因

日粮中的蛋白质含量过高，或机体内合成的嘌呤类物经次黄嘌呤和黄嘌呤的转化，以及体内的核酸分解增强，都可使尿酸产生增多。中毒，药物，以及其他任何引起肾脏的炎症、变性等而使肾功能障碍的因素，都能导致尿酸排泄减少，造成血尿酸增高。尿酸盐的溶解度较低，当血中含量过多时，即可沉积于关节、滑膜囊、软骨、皮下结缔组织、肝、肾、脾等处而引起异物反应。炎症部位的酸度增高，可促使尿酸盐的沉积。沉积处的组织受到破坏，结缔组织增生。

（二）症状

因尿酸盐在体内沉积的部位不同，痛风分内脏痛风和关节痛风两种类型。

1. 内脏痛风 最常见，多呈急性经过。表现为全身性营养障碍，病鸡食欲不振，逐渐消瘦、衰弱，精神委顿，羽毛蓬乱，贫血，母鸡产卵减少或停止，有时从肛门排出白色、半液体状稀粪。

2. 关节痛风 脚趾和腿部关节肿胀，活动软弱无力。

（三）病理变化

可见肾脏肿大，颜色变浅，表面有尿酸盐沉着所形成的白色斑点。输尿管扩张增粗，管腔内充满石灰样沉积物。严重的病鸡，其他内脏器官（心、肝、脾、肠系膜及腹膜等）的表面也有石灰样的尿酸盐沉积物，在多数情况下，能形成一层白色薄膜被覆于脏器表面。显微镜下，尿酸钠呈针状结晶。在关节表面及关节周围组织中，见有白色尿酸盐沉着，有些关节面还发生腐烂。

（四）防控措施

1. 可使用保泰松、促肾上腺皮质激素、青霉胺等。

2. 减少日粮中蛋白质的含量，特别是动物蛋白。供给充足的青绿饲料和饮水。

三、鸡嗉囊炎

鸡嗉囊炎是鸡嗉囊黏膜表层的炎症，以 2～7 日龄的雏鸡多发，育成鸡和成年鸡也可发生。主要是因平时饲养管理不当而引起的。如舍温经常过低或忽高忽低，突然更换饲料，使鸡难以适应，或饲料腐败、发霉变质等，某些慢性疾病和传染病也可诱发本病。病鸡嗉囊膨大，似胶皮球，内部充满黄白色液体，触之有波动感。将鸡倒置时，口中流出有臭味的液体，故又称为“水胀”。也有的鸡嗉囊中充满气体，称为“气胀”。本病除嗉囊有明显症状外，病鸡还会表现出食欲减退或废绝，羽毛蓬松，精神委顿，不愿行动，行走和叫声虚弱无力，甚至呕吐、瘫痪，有时下痢。

防治本病重在改善饲养管理条件，雏鸡舍温一般应保持在30℃左右。饮水充足、清洁，不喂霉败变质的饲料，并注意合理搭配，使饲料易于消化吸收。治疗时可在饮水中加入 0.1%～0.5%的碳酸氢钠，严重病例可单独饮服 1%～2%的碳酸氢钠水。可用注射器连接小胶管，插入病鸡嗉囊，用 2%的稀盐酸冲洗，而后将鸡倒悬，轻轻挤出污浊液体，再服胃舒平、酵母片各 1 片或加喂土霉素半片，每天 2 次，并停食 1 天，然后喂给易消化的颗粒料和新鲜的青饲料。

四、脱　　肛

（一）病因

1. 疾病引起脱肛　慢性（习惯性）腹泻能引起脱肛。如鸡伤寒、慢性禽霍乱、禽副伤寒、长期喂霉变腐败饲料引起的消化道炎症、大肠杆菌、绿脓杆菌发病后期等，这些病都能引起腹泻。腹泻后导致脱肛的原因有二：一是长期腹泻导致机体中气下陷，肛门失禁而脱肛；二是病原微生物生长繁殖至肠管、输卵管及泄殖腔并发生炎症，产蛋时，蛋排出困难，过度努责而引起脱肛。

2. 饲养管理不当引起的脱肛 由于饲养管理不当引起的脱肛，原因之一是鸡群过早产蛋，母鸡还没有完全发育成熟，骨盆尚未发育完好。产道狭窄，无法承受产蛋的强大压力，造成难产脱肛。其次是育成期蛋鸡过于肥胖，多因饲料中能量和蛋白质含量过高，脂肪在体内蓄积，特别是肛门周围脂肪的蓄积引起难产而脱肛。再次是光照程序不当，给予的光线太强或光照时间太长，都会造成母鸡早产而脱肛。此外，蛋鸡的密度过大、通风不良、应激等因素亦能作用于产蛋过程而脱肛。

3. 高产而引起脱肛 有的养鸡户在产蛋高峰期，过分加强营养，特别是补充蛋白质，使鸡产蛋过多，双黄蛋过大，特大蛋比例达1%～2%，使蛋鸡处于超负荷状态，致使蛋鸡中气下陷，肛门失禁而脱肛。

4. 其他 产白壳蛋的鸡，脱肛发生率高于产褐壳蛋的鸡，这可能与遗传因素有关。

（二）预防措施

1. 加强蛋鸡育成期的饲养管理 在整个育雏育成期，必须严格掌握饲养标准和光照管理程序，实行科学的饲养管理，保证蛋鸡不过肥、不过瘦、不早产，鸡群体质均匀，使之良好地进入产蛋期。

2. 注意疾病的预防和治疗 加强饲养管理，勤观察蛋鸡的粪便变化，发现腹泻的鸡只及时检查病因并加以治疗。防止饲喂霉败饲料。在追求效益的同时要考虑鸡只的潜能和鸡只承受能力，产蛋高峰期应特别关注高峰值与高峰期的长短。

（三）治疗

1. 轻度脱肛 病鸡不产蛋时看不出脱肛，只是产带血蛋或产蛋时发生咯咯的痛苦努责声，或有轻微的脱出物突出于肛门之外，但很快会回缩到体内，这时要及时查出原因，除去病因并加以治疗。

2. 中度脱肛 常因轻度脱肛没有得到及时发现和治疗而致。泄殖腔脱出如栗子大或鸡蛋大，不能自然回缩于体腔内。应及时人工冲洗（盐水或生理盐水），将脱出物送入腹腔，隔离防啄，并给予消炎治疗。

3. 重度脱肛 除泄殖腔脱出外，并有部分输卵管和部分肠管脱出，脱出物较大、水肿、被污染等。首先及时隔离，用10%高渗温（38℃）食盐水冲洗，人工整理复位，然后从肛门给予青霉素 40 万单位，防继发感染。一次整复后又再脱出的可服土霉素 250 毫克/（日·只），分两次给予或拌料中，一个疗程均可治愈。如果脱出物复位后再次脱出，或不再脱出但发出痛苦努责声，排粪较稀而难，则要限饲或停饲。每天用温食盐水冲洗两次，同时清除肛门周围的粪便及污染物。

五、维生素缺乏症

1. 维生素 A 缺乏症 眼流泪、发红，患干眼病和夜盲症，蛋鸡产蛋率下降。应加喂青绿饲料（胡萝卜、青菜叶）或在饲料中添加鱼肝油。

2. 维生素 D 缺乏症 产软壳蛋，严重时跗关节肿大站不稳。应及时按比例平衡补充磷钙，有条件的可敞开鸡棚让鸡晒太阳，或在饲料中添加鱼肝油。

3. 维生素 E 缺乏症 公鸡睾丸炎变性不育，母鸡产蛋率下降，胚胎早死，成鸡歪脖子、佝偻爪。应加喂油饼类饲料和青饲料。

4. 维生素 K 缺乏症 皮下及肌肉内溢血，血凝时间较长。

应添加苜蓿粉或鱼粉。

5. 维生素 B_1 缺乏症 发生痉挛或抽搐，表现典型的头向后仰，应在饲料中添加酵母或米糠及麸类饲料。

6. 维生素 B_2 缺乏症 曲趾性瘫痪，脚底皮肤出现隆起，不能站立、生长缓慢。应在饲料中添加酵母或饲喂发芽后的谷种、麦种等发芽后的种子。

7. 维生素 B_5 缺乏症 鸡的生长及羽毛发育受阻，发生皮炎，卵孵化率降低。应在饲料中加喂麦麸或苜蓿粉。

8. 维生素 PP 缺乏症 舌和口腔发炎变黑，跗关节肿大，皮肤和脚呈鳞片状，肠炎，下痢，粪中带血。应在饲料中添加麦麸、酵母或鱼粉。

9. 维生素 B_6 缺乏症 贫血、生长停滞、羽毛粗糙无光，出现神经系统受损害的症状，发生痉挛，或胸脯贴地两翼拍打，或背卧地两翼朝天，交替蹬踏。应在饲料中加米糠或酵母、麦芽、或稻谷粉、黄豆粉。

10. 胆碱缺乏症 发生皮炎，骨变短粗，生长停滞，脂肪肝，可在饲料中加适量鱼粉、豆饼或鲜鱼。

11. 维生素 H 缺乏症 发生皮肤病，出现丘疹，甚至皮肤腐烂，非换羽期换羽，脚软无力，骨骼变形。应常喂青绿饲料，以防及缺乏。

12. 维生素 B_{12} 缺乏症 易发生贫血和脂肪肝，雏鸡生长停滞，成活率低。应补充钴和多种维生素制剂。

13. 维生素 C 缺乏症 出现坏血症，一旦出现坏血症应在饲料中加喂适量维生素 C。

六、钙、磷缺乏症

（一）发病原因

1. 饲料中钙、磷含量不足 鸡在生长发育和产蛋时对钙、磷需要量较大，如果补充不足，则容易发生钙、磷缺乏症。

2. 饲料中钙、磷比例失调 钙、磷比例失调，会影响两种元素的吸收，雏鸡和产蛋鸡饲料中钙、磷比应在1∶1至6∶1之间。

3. 维生素D缺乏 维生素D在钙、磷吸收和代谢过程中起着重要作用，如果维生素D缺乏，则会引起钙、磷缺乏症的发生。

4. 其他因素 日粮中蛋白质过高，或脂肪、植酸盐过多，以及环境温度过高、运动少、日照不足等，都可能成为致病因素。疾病、生理状态也会影响钙、磷代谢和需要量，引起缺乏症。

(二) 发病症状

早期即可见病鸡喜欢蹲伏，不愿走动，食欲不振，异嗜，生长发育迟滞等病状。幼鸡的喙与爪变得较易弯曲，肋骨末端呈连珠状小结节，跗关节肿大，蹲卧或跛行，有的腹泻。

成年鸡发病主要是在高产鸡的产蛋高峰期，初期产薄壳蛋、软皮蛋，产蛋量急剧下降，蛋的孵化率也显著降低。后期病鸡胸骨呈“S”状弯曲变形。

(三) 病理变化

主要病变在骨骼、关节。全身各部骨骼都有不同程度的肿胀，骨体容易折断，骨密质变薄，骨髓腔变大。肋骨变形，胸骨呈“S”状弯曲，骨质软。关节面软骨肿胀，有的有较大的软骨缺损或纤维样物附着，胸骨和肋骨自然骨折，局部有珠状突起，雏鸡胫骨、股骨、头骨疏松。

(四) 防治措施

1. 预防方面应注意饲料中钙、磷含量要满足鸡的需要，而且要保证比例适当，尤其产蛋鸡和雏鸡日粮中要保证钙、磷的正常量，对舍饲鸡，使之得到足够的日光照射。

2. 已经发生缺乏症时，应当即增加饲料中钙、磷水平，调整钙、磷比例，最好能够化验饲料。补充钙、磷可用磷酸氢钙、骨粉、贝壳粉等原料。非产蛋鸡缺钙，可将钙水平提高1%，产蛋鸡缺钙，可将钙水平提高3%，并相应提高磷水平。另外，对病鸡加喂鱼肝油或补充维生素D_3。

附录一：

饲料和饲料添加剂卫生指标

序号	卫生指标项目	产品名称	指标	备　注
1	砷（以总砷计）的允许量（每千克产品中），毫克	鸡配合饲料	≤2.0	不包括国家主管部门批准使用的有机砷制剂中的砷含量
		鸡浓缩饲料	≤10.0	以在配合饲料中20%的添加量计
		鸡添加剂预混合饲料	≤10.0	以在配合饲料中1%的添加量计
2	铅（以Pb计）的允许量（每千克产品中），毫克	鸡配合饲料	≤5.0	
		鸡浓缩饲料	≤13.0	以在配合饲料中20%的添加量计
		鸡复合预混合饲料	≤40.0	以在配合饲料中1%的添加量计
3	氟（以F计）的允许量（每千克产品中），毫克	鸡配合饲料	≤250.0	
		鸡添加剂预混合饲料	≤1 000.0	以在配合饲料中1%的添加量计
		鸡浓缩饲料	按添加比例折算后，与相应鸡配合饲料规定值相同	

（续）

序号	卫生指标项目	产品名称	指标	备　注
4	霉菌的允许量（每克产品中）霉菌总数×10^3个	鸡配合饲料	＜45.0	
		鸡浓缩饲料	＜45.0	
5	黄曲霉菌毒素 B_1 允许量（每千克产品中），微克	雏鸡配合饲料及浓缩饲料	≤10.0	
		生长鸡、产蛋鸡配合饲料及浓缩饲料	≤20.0	
6	铬（以 Cr 计）的允许量（每千克产品中），毫克	鸡配合饲料	≤10.0	
7	汞（以 Hg 计）的允许量（每千克产品中），毫克	鸡配合饲料	≤0.1	
8	镉（以 Cd 计）的允许量（每千克产品中），毫克	鸡配合饲料	≤0.5	
9	氰化物（以 HCN 计）的允许量（每千克产品中），毫克	鸡配合饲料	≤60.0	
10	亚硝酸盐（以 $NaNO_2$ 计）的允许量（每千克产品中），毫克	鸡配合饲料	≤15.0	
11	游离棉酚的允许量（每千克产品中），毫克	生长鸡配合饲料	≤100.0	
		产蛋鸡配合饲料	≤20.0	

（续）

序号	卫生指标项目	产品名称	指标	备　注
12	异硫氰酸酯（以丙烯基异硫氰酸酯计）的允许量（每千克产品中），毫克	鸡配合饲料	≤500.0	
13	噁唑烷硫酮的允许量（每千克产品中），毫克	生长鸡配合饲料	≤1 000.0	
		产蛋鸡配合饲料	≤500.0	
14	六六六的允许量（每千克产品中），毫克	生长鸡配合饲料 产蛋鸡配合饲料	≤0.3	
15	滴滴涕的允许量（每千克产品中），毫克	鸡配合饲料	≤0.2	
16	沙门氏菌	饲料	不得检出	

注：1. 所列允许量均以干物质含量为88%的饲料为基础计算。

2. 浓缩饲料、添加剂预混合饲料添加比例与本标准备注不同时，其卫生指标允许量可进行折算。

附录二：

饲料添加剂

1. 氨基酸 Amino Acids

通用名称	英文名称	化学式或描述	来 源	含量 以氨基酸盐计
L-赖氨酸盐酸盐	L-Lysine monohydrochloride	$NH_2(CH_2)_4CH(NH_2)COOH \cdot HCl$	发酵生产	≥98.5（以干基计）
L-赖氨酸硫酸盐及其发酵副产物（产自谷氨酸棒杆菌）	L-Lysine sulfate and its by-products from fermentation (Source: *Corynebacterium glutamicum*)	$[NH_2(CH_2)_4CH(NH_2)COOH]_2 \cdot H_2SO_4$	发酵生产	≥65.0（以干基计）
DL-蛋氨酸	DL-Methionine	$CH_3S(CH_2)_2CH(NH_2)COOH$	化学制备	—
L-苏氨酸	L-Threonine	$CH_3CH(OH)CH(NH_2)COOH$	发酵生产	—
L-色氨酸	L-Tryptophan	$(C_8H_5NH)CH_2CH(NH_2)COOH$	发酵生产	—
蛋氨酸羟基类似物	Methionine hydroxy analogue	$C_5H_{10}O_3S$	化学制备	—
蛋氨酸羟基类似物钙盐	Methionine hydroxy analogue calcium	$C_{10}H_{18}O_6S_2Ca$	化学制备	≥95.0（以干基计）
N-羟甲基蛋氨酸钙	N-Hydroxymethyl methionine calcium	$(C_6H_{12}NO_3S)_2Ca$	化学制备	≥98.0

安全使用规范

规格,% 以氨基酸计	适用动物	在配合饲料或全混合日粮中的推荐用量（以氨基酸计）,%	在配合饲料或全混合日粮中的最高限量（以氨基酸计）,%	其他要求
≥78.0 （以干基计）	养殖动物	0～0.5	—	—
≥51.0 （以干基计）	养殖动物	0～0.5	—	—
≥98.5	养殖动物	0～0.2	鸡 0.9	—
≥97.5 （以干基计）	养殖动物	畜禽 0～0.3 鱼类 0～0.3 虾类 0～0.8	—	—
≥98.0	养殖动物	畜禽 0～0.1 鱼类 0～0.1 虾类 0～0.3	—	—
≥88.0 （以蛋氨酸羟基类似物计）	猪、鸡、牛	猪 0～0.11 鸡 0～0.21 牛 0～0.27 （以蛋氨酸羟基类似物计）	鸡 0.9 （以蛋氨酸羟基类似物计）	—
≥84.0 （以蛋氨酸羟基类似物计，干基）				—
≥67.6 （以蛋氨酸计）	反刍动物	牛 0～0.14 （以蛋氨酸计）	—	—

2. 维生素 Vitamins*

通用名称	英文名称	化学式或描述	来 源	含量
				以化合物计
维生素A乙酸酯	Vitamin A acetate	$C_{22}H_{32}O_2$	化学制备	—
维生素A棕榈酸酯	Vitamin A palmitate	$C_{36}H_{60}O_2$	化学制备	—
β-胡萝卜素	β-Carotene	$C_{40}H_{56}$	提取、发酵生产或化学制备	≥96.0%
盐酸硫胺（维生素 B_1）	Thiamine hydrochloride（Vitamin B_1）	$C_{12}H_{17}ClN_4OS \cdot HCl$	化学制备	98.5%～101.0%（以干基计）
硝酸硫胺（维生素 B_1）	Thiamine mononitrate（Vitamin B_1）	$C_{12}H_{17}N_5O_4S$	化学制备	98.0%～101.0%（以干基计）
核黄素（维生素 B_2）	Riboflavin（Vitamin B_2）	$C_{17}H_{20}N_4O_6$	化学制备或发酵生产	—
盐酸吡哆醇（维生素 B_6）	Pyridoxine hydrochloride（Vitamin B_6）	$C_8H_{11}NO_3 \cdot HCl$	化学制备	98.0%～101.0%（以干基计）
氰钴胺（维生素 B_{12}）	Cyanocobalamin（Vitamin B_{12}）	$C_{63}H_{88}CoN_{14}O_{14}P$	发酵生产	—

规格 以维生素计	适用动物	在配合饲料或全混合日粮中的推荐添加量（以维生素计）	在配合饲料或全混合日粮中的最高限量（以维生素计）	其他要求
粉剂 ≥5.0×10^5IU/g 油剂 ≥2.5×10^6IU/g 粉剂 ≥2.5×10^5IU/g 油剂 ≥1.7×10^6IU/g	养殖动物	猪 1 300～4 000IU/kg 肉鸡 2 700～8 000IU/kg 蛋鸡 1 500～4 000IU/kg 牛 2 000～4 000IU/kg 羊 1 500～2 400IU/kg 鱼类 1 000～4 000IU/kg	仔猪 16 000IU/kg 育肥猪 6 500IU/kg 怀孕母猪 12 000IU/kg 泌乳母猪 7 000IU/kg 犊牛 25 000IU/kg 育肥和泌乳牛 10 000IU/kg 干奶牛 20 000IU/kg 14 日龄以前的蛋鸡和肉鸡 20 000IU/kg 14 日龄以后的蛋鸡和肉鸡 10 000IU/kg 28 日龄以前的肉用火鸡 20 000IU/kg 28 日龄后的火鸡 10 000IU/kg	— —
—	养殖动物	奶牛 5～30mg/kg （以β—胡萝卜素计）	—	—
87.8%～90.0% （以干基计） 90.1%～92.8% （以干基计）	养殖动物	猪 1～5mg/kg 家禽 1～5mg/kg 鱼类 5～20mg/kg	—	— —
98.0%～102.0% 96.0%～102.0% ≥80.0% （以干基计）	养殖动物	猪 2～8mg/kg 家禽 2～8mg/kg 鱼类 10～25mg/kg	—	—
80.7%～83.1% （以干基计）	养殖动物	猪 1～3mg/kg 家禽 3～5mg/kg 鱼类 3～50mg/kg	—	—
≥96.0 （以干基计）	养殖动物	猪 5～33μg/kg 家禽 3～12μg/kg 鱼类 10～20μg/kg	—	—

通用名称	英文名称	化学式或描述	来 源	含量
				以化合物计
L-抗坏血酸（维生素 C）	L-Ascorbic acid (Vitamin C)	$C_6H_8O_6$	化学制备或发酵生产	—
L-抗坏血酸钙	Calcium L-ascorbate	$C_{12}H_{14}CaO_{12} \cdot 2H_2O$	化学制备	≥98.0%
L-抗坏血酸钠	Sodium L-ascorbate	$C_6H_7NaO_6$	化学制备或发酵生产	≥98.0%
L-抗坏血酸-2-磷酸酯	L-Ascorbyl-2-polyphosphate	—	化学制备	—
L-抗坏血酸-6-棕榈酸酯	6-Palmityl-L-ascorbic acid	$C_{22}H_{38}O_7$	化学制备	≥95.0%
维生素 D_2	Vitamin D_2	$C_{28}H_{44}O$	化学制备	≥97.0%
维生素 D_3	Vitamin D_3	$C_{27}H_{44}O$	化学制备或提取	—
DL-α-生育酚乙酸酯（维生素 E）	DL-alpha-Tocopherol acetate (Vitamin E)	$C_{31}H_{52}O_3$	化学制备	油剂≥92.0% 粉剂≥50.0%

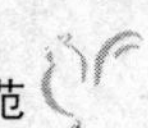

（续）

规格 以维生素计	适用动物	在配合饲料或全混合日粮中的推荐添加量（以维生素计）	在配合饲料或全混合日粮中的最高限量（以维生素计）	其他要求
99.0%～101.0%	养殖动物	猪 150～300mg/kg 家禽 50～200mg/kg 犊牛 125～500mg/kg 罗非鱼、鲫鱼 鱼苗 300mg/kg 鱼种 200mg/kg 青鱼、虹鳟鱼、蛙类 100～150mg/kg 草鱼、鲤鱼 300～500mg/kg	—	—
≥80.5%				—
≥87.1%				—
≥35.0%				—
≥40.3%				—
4.0×10^{7} IU/g	养殖动物	猪 150～500IU/kg 牛 275～400IU/kg 羊 150～500IU/kg	猪 5 000IU/kg （仔猪代乳料 10 000IU/kg） 家禽 5 000IU/kg 牛 4 000IU/kg （犊牛代乳料 10 000IU/kg） 羊、马 4 000IU/kg 鱼类 3 000IU/kg 其他动物 2 000IU/kg	饲料中维生素 D_3 不能与维生素 D_2 同时使用
油剂 ≥1.0×10^{6} IU/g 粉剂 ≥5.0×10^{5} IU/g	养殖动物	猪 150～500IU/kg 鸡 400～2 000IU/kg 鸭 500～800IU/kg 鹅 500～800IU/kg 牛 275～450IU/kg 羊 150～500IU/kg 鱼类 500～2 000IU/kg		
油剂≥920IU/g 粉剂≥500IU/g	养殖动物	猪 10～100IU/kg 鸡 10～30IU/kg 鸭 20～50IU/kg 鹅 20～50IU/kg 牛 15～60IU/kg 羊 10～40IU/kg 鱼类 30～120IU/kg	—	—

通用名称	英文名称	化学式或描述	来源	含量
				以化合物计
亚硫酸氢钠甲萘醌	Menadione sodium bisulfite (MSB)	$C_{11}H_8O_2\ NaHSO_3 \cdot 3H_2O$	化学制备	≥96.0% ≥98.0%
二甲基嘧啶醇亚硫酸甲萘醌	Menadione dimethyl-pyrimidinol bisulfite (MPB)	$C_{17}H_{18}N_2O_6S$	化学制备	≥96.0%
亚硫酸氢烟酰胺甲萘醌	Menadione nicotinamide bisulfite (MNB)	$C_{17}H_{16}N_2O_6S$	化学制备	≥96.0%
烟酸	Nicotinic acid	$C_6H_5NO_2$	化学制备	—
烟酰胺	Niacinamide	$C_6H_6N_2O$	化学制备	—
D-泛酸钙	D-Calcium pantothenate	$C_{18}H_{32}CaN_2O_{10}$	化学制备	98.0%～101.0%（以干基计）
DL-泛酸钙	DL-Calcium pantothenate		化学制备	≥99.0%

（续）

规格 以维生素计	适用动物	在配合饲料或全混合日粮中的推荐添加量（以维生素计）	在配合饲料或全混合日粮中的最高限量（以维生素计）	其他要求
≥50.0% ≥51.0% （以甲萘醌计）	养殖动物	猪 0.5mg/kg 鸡 0.4～0.6mg/kg 鸭 0.5mg/kg 水产动物 2～16mg/kg （以甲萘醌计）	—	—
≥44.0% （以甲萘醌计）			猪 10mg/kg 鸡 5mg/kg （以甲萘醌计）	—
≥43.7% （以甲萘醌计）			—	—
99.0%～100.5% （以干基计）	养殖动物	仔猪 20～40mg/kg 生长肥育猪 20～30mg/kg 蛋雏鸡 30～40mg/kg 育成蛋鸡 10～15mg/kg 产蛋鸡 20～30mg/kg 肉仔鸡 30～40mg/kg 奶牛 50～60mg/kg（精料补充料） 鱼虾类 20～200mg/kg	—	—
≥99.0%				—
90.2%～92.9% （以干基计）	养殖动物	仔猪 10～15mg/kg 生长肥育猪 10～15mg/kg 蛋雏鸡 10～15mg/kg 育成蛋鸡 10～15mg/kg 产蛋鸡 20～25mg/kg 肉仔鸡 20～25mg/kg 鱼类 20～50mg/kg	—	—
≥45.5%		仔猪 20～30mg/kg 生长肥育猪 20～30mg/kg 蛋雏鸡 20～30mg/kg 育成蛋鸡 20～30mg/kg 产蛋鸡 40～50mg/kg 肉仔鸡 40～50mg/kg 鱼类 40～100mg/kg	—	—

通用名称	英文名称	化学式或描述	来 源	含量
				以化合物计
叶酸	Folic acid	$C_{19}H_{19}N_7O_6$	化学制备	—
D-生物素	D-Biotin	$C_{10}H_{16}N_2O_3S$	化学制备	—
氯化胆碱	Choline chloride	$C_5H_{14}NOCl$	化学制备	水剂 ≥70.0%或≥75.0% 粉剂 ≥50.0%或≥60.0% （粉剂以干基计）
肌醇	Inositol	$C_6H_{12}O_6$	化学制备	—
L-肉碱	L-Carnitine	$C_7H_{15}NO_3$	化学制备或发酵生产	—
L-肉碱盐酸盐	L-Carnitine hydrochloride	$C_7H_{15}NO_3$ HCl	化学制备或发酵生产	97.0%～103.0% （以干基计）

* 由于测定方法存在精密度和准确度的问题，部分维生素类饲料添加剂的含量

加剂含量规格出现超过 100%的情况。

（续）

规格 以维生素计	适用动物	在配合饲料或全混合日粮中的推荐添加量（以维生素计）	在配合饲料或全混合日粮中的最高限量（以维生素计）	其他要求
95.0%～102.0% （以干基计）	养殖动物	仔猪 0.6～0.7mg/kg 生长肥育猪 0.3～0.6mg/kg 雏鸡 0.6～0.7mg/kg 育成蛋鸡 0.3～0.6mg/kg 产蛋鸡 0.3～0.6mg/kg 肉仔鸡 0.6～0.7mg/kg 鱼类 1.0～2.0mg/kg	—	—
≥97.5%	养殖动物	猪 0.2～0.5mg/kg 蛋鸡 0.15～0.25mg/kg 肉鸡 0.2～0.3mg/kg 鱼类 0.05～0.15mg/kg	—	—
水剂 ≥52.0%或≥55.0% 粉剂 ≥37.0%或≥44.0% （粉剂以干基计）	养殖动物	猪 200～1 300mg/kg 鸡 450～1 500mg/kg 鱼类 400～1 200mg/kg	—	用于奶牛时，产品应作保护处理
≥97.0% （以干基计）	养殖动物	鲤科鱼 250～500mg/kg 鲑鱼、虹鳟 300～400mg/kg 鳗鱼 500mg/kg 虾类 200～300mg/kg	—	—
97.0%～103.0% （以干基计）	养殖动物	猪 30～50mg/kg （乳猪 300～500mg/kg） 家禽 50～60mg/kg （1 周龄内雏鸡 150mg/kg） 鲤鱼 5～10mg/kg 虹鳟 15～120mg/kg 鲑鱼 45～95mg/kg 其他鱼 5～100mg/kg	猪 1 000mg/kg 家禽 200mg/kg 鱼类 2 500mg/kg	—
79.0%～83.8% （以干基计）				—

规格是范围值，若测量误差为正，则检测值可能超过 100%，故部分维生素类饲料添

3. 微量元素 Trace Minerals

微量元素	化合物通用名称	化合物英文名称	化学式或描述	来 源	含量 以化合物计
铁：来自以下化合物	硫酸亚铁	Ferrous sulfate	$FeSO_4 \cdot H_2O$ $FeSO_4 \cdot 7H_2O$	化学制备	≥91.0 ≥98.0
	富马酸亚铁	Ferrous fumarate	$FeH_2C_4O_4$	化学制备	≥93.0
	柠檬酸亚铁	Ferrous citrate	$Fe_3(C_6H_5O_7)_2$	化学制备	—
	乳酸亚铁	Ferrous lactate	$C_6H_{10}FeO_6 \cdot 3H_2O$	化学制备或发酵生产	≥97.0
铜：来自以下化合物	硫酸铜	Copper sulfate	$CuSO_4 \cdot H_2O$ $CuSO_4 \cdot 5H_2O$	化学制备	≥98.5 ≥98.5
	碱式氯化铜	Basic copper chloride	$Cu_2(OH)_3Cl$	化学制备	≥98.0
锌：来自以下化合物	硫酸锌	Zinc sulfate	$ZnSO_4 \cdot H_2O$ $ZnSO_4 \cdot 7H_2O$	化学制备	≥94.7 ≥97.3
	氧化锌	Zinc oxide	ZnO	化学制备	≥95.0
	蛋氨酸锌络（螯）合物	Zinc methionine complex (chelate)	$Zn(C_5H_{10}NO_2S)_2$ $(C_5H_{10}NO_2SZn)HSO_4$	化学制备	≥90.0

规格，% 以元素计	适用动物	在配合饲料或全混合日粮中的推荐添加量（以元素计），mg/kg	在配合饲料或全混合日粮中的最高限量（以元素计），mg/kg	其他要求
≥30.0 ≥19.7	养殖动物	猪 40～100 鸡 35～120 牛 10～50 羊 30～50 鱼类 30～200	仔猪（断奶前） 250 mg/（头·天） 家禽 750 牛 750 羊 500 宠物 1 250 其他动物 750	—
≥29.3				—
≥16.5				—
≥18.9				—
≥35.7 ≥25.0	养殖动物	猪 3～6 家禽 0.4～10.0 牛 10 羊 7～10 鱼类 3～6	仔猪（≤30 kg）200 生长肥育猪（30～60 kg）150 生长肥育猪（≥60 kg）35 种猪 35 家禽 35 牛精料补充料 35 羊精料补充料 25 鱼类 25	—
≥58.1	猪、鸡	猪 2.6～5.0 鸡 0.3～8.0	仔猪（≤30 kg）200 生长肥育猪（30～60 kg）150 生长肥育猪（≥60 kg）35 种猪 35 鸡 35	—
≥34.5 ≥22.0	养殖动物	猪 40～110 肉鸡 55～120 蛋鸡 40～80 肉鸭 20～60 蛋鸭 30～60 鹅 60 肉牛 30 奶牛 40 鱼类 20～30 虾类 15	代乳料 200 鱼类 200 宠物 250 其他动物 150	
≥76.3		猪 43～120 肉鸡 80～180 肉牛 30 奶牛 40	农业行业标准《饲料中锌的允许量》（NY 929—2005）自本公告发布之日起废止	仔猪断奶后前 2 周配合饲料中氧化锌形式的锌的添加量不超过2 250mg/kg
≥17.2 ≥19.0		猪 42～116 肉鸡 54～120 肉牛 30 奶牛 40		本产品仅指硫酸锌与蛋氨酸反应的产物

微量元素	化合物通用名称	化合物英文名称	化学式或描述	来 源	含量 以化合物计
锰：来自以下化合物	硫酸锰	Manganese sulfate	$MnSO_4 \cdot H_2O$	化学制备	≥98.0
	氧化锰	Manganese oxide	MnO	化学制备	≥99.0
	氯化锰	Manganese chloride	$MnCl_2 \cdot 4H_2O$	化学制备	≥98.0
碘：来自以下化合物	碘化钾	Potassium iodide	KI	化学制备	≥98.0（以干基计）
	碘酸钾	Potassium iodate	KIO_3	化学制备	≥99.0
	碘酸钙	Calcium iodate	$Ca(IO_3)_2 \cdot H_2O$	化学制备	≥95.0（以 $Ca(IO_3)_2$ 计）
钴：来自以下化合物	硫酸钴	Cobalt sulfate	$CoSO_4$ $CoSO_4 \cdot H_2O$ $CoSO_4 \cdot 7H_2O$	化学制备	≥98.0 ≥96.5 ≥97.5
	氯化钴	Cobalt chloride	$CoCl_2 \cdot H_2O$ $CoCl_2 \cdot 6H_2O$	化学制备	≥98.0 ≥96.8
	乙酸钴	Cobalt acetate	$Co(CH_3COO)_2$ $Co(CH_3COO)_2 \cdot 4H_2O$	化学制备	≥98.0 ≥98.0
	碳酸钴	Cobalt carbonate	$CoCO_3$	化学制备	≥98.0

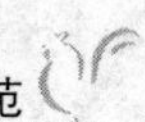

（续）

规格，% 以元素计	适用动物	在配合饲料或全混合日粮中的推荐添加量（以元素计），mg/kg	在配合饲料或全混合日粮中的最高限量（以元素计），mg/kg	其他要求
≥31.8	养殖动物	猪 2～20 肉鸡 72～110 蛋鸡 40～85 肉鸭 40～90 蛋鸭 47～60 鹅 66 肉牛 20～40 奶牛 12 鱼类 2.4～13.0	鱼类 100 其他动物 150	—
≥76.6		猪 2～20 肉鸡 86～132		—
≥27.2		猪 2～20 肉鸡 74～113		
≥74.9 （以干基计）	养殖动物	猪 0.14 家禽 0.1～1.0 牛 0.25～0.80 羊 0.1～2.0 水产动物 0.6～1.2	蛋鸡 5 奶牛 5 水产动物 20 其他动物 10	—
≥58.7				—
≥61.8				—
≥37.2 ≥33.0 ≥20.5	养殖动物	牛、羊 0.1～0.3 鱼类 0～1	2	—
≥39.1 ≥24.0				—
≥32.6 ≥23.1		牛、羊 0.1～0.4 鱼类 0～1.2		—
≥48.5	反刍动物	牛、羊 0.1～0.3		—

微量元素	化合物通用名称	化合物英文名称	化学式或描述	来 源	含量
					以化合物计
硒：来自以下化合物	亚硒酸钠	Sodium selenite	Na_2SeO_3	化学制备	≥98.0（以干基计）
	酵母硒	Selenium yeast complex	酵母在含无机硒的培养基中发酵培养，将无机态硒转化生成有机硒	发酵生产	—
铬：来自以下化合物	烟酸铬	Chromium nicotinate	Cr(吡啶-3-COO)$_3$	化学制备	≥98.0
	吡啶甲酸铬	Chromium tripicolinate	Cr(吡啶-2-COO)$_3$	化学制备	≥98.0

（续）

规格，% 以元素计	适用动物	在配合饲料或全混合日粮中的推荐添加量（以元素计），mg/kg	在配合饲料或全混合日粮中的最高限量（以元素计），mg/kg	其他要求
≥44.7（以干基计）	养殖动物	畜禽 0.1～0.3 鱼类 0.1～0.3	0.5	使用时应先制成预混剂，且产品标签上应标示最大硒含量
有机形态硒含量≥0.1				产品需标示最大硒含量和有机硒含量，无机硒含量不得超过总硒的 2.0%
≥12.0	生长肥育猪	0～0.2	0.2	饲料中铬的最高限量是指有机形态铬的添加限量
12.2～12.4				

4. 常量元素 Macro Minerals

常量元素	化合物通用名称	化合物英文名称	化学式或描述	来源	含量
					以化合物计
钠：来自以下化合物	氯化钠	Sodium chloride	NaCl	天然盐加工制取	≥91.0
	硫酸钠	Sodium sulfate	Na_2SO_4	天然盐加工制取或化学制备	≥99.0
	磷酸二氢钠	Monosodium phosphate	NaH_2PO_4 $NaH_2PO_4 \cdot H_2O$ $NaH_2PO_4 \cdot 2H_2O$	化学制备	98.0～103.0（以NaH_2PO_4计，干基）
	磷酸氢二钠	Disodium phosphate	Na_2HPO_4 $Na_2HPO_4 \cdot 2H_2O$ $Na_2HPO_4 \cdot 12H_2O$	化学制备	≥98.0（以Na_2HPO_4计，干基）
钙：来自以下化合物	轻质碳酸钙	Calcium carbonate	$CaCO_3$	化学制备	≥98.0（以干基计）
	氯化钙	Calcium chloride	$CaCl_2$ $CaCl_2 \cdot 2H_2O$	化学制备	≥93.0 99.0～107.0
	乳酸钙	Calcium lactate	$C_6H_{10}O_6Ca$ $C_6H_{10}O_6Ca \cdot H_2O$ $C_6H_{10}O_6Ca \cdot 3H_2O$ $C_6H_{10}O_6Ca \cdot 5H_2O$	化学制备或发酵生产	≥97.0（以$C_6H_{10}O_6Ca$计，干基）

规格，% 以元素计	适用动物	在配合饲料或全混合日粮中的推荐添加量，%	在配合饲料或全混合日粮中的最高限量，%	其他要求
Na≥35.7 Cl≥55.2	养殖动物	猪 0.3～0.8 鸡 0.25～0.40 鸭 0.3～0.6 牛、羊 0.5～1.0 (以 NaCl 计)	猪 1.5 家禽 1 牛、羊 2 (以 NaCl 计)	—
Na≥32.0 S≥22.3		猪 0.1～0.3 肉鸡 0.1～0.3 鸭 0.1～0.3 牛、羊 0.1～0.4 (以 Na_2SO_4 计)	0.5 (以 Na_2SO_4 计)	本品有轻度致泻作用，反刍动物应注意维持适当的氮硫比
Na≥18.7 P≥25.3 (以 NaH_2PO_4 计，干基)		猪 0～1.0 家禽 0～1.5 牛 0～1.6 淡水鱼 1.0～2.0 (以 Na_2HPO_4 计)	—	在畜禽饲料中较少使用，在鱼类饲料中适量添加还可补充饲料中的磷元素，使用时应考虑磷与钙的适当比例及钠元素的总量
Na≥31.7 P≥21.3 (以 Na_2HPO_4 计，干基)		猪 0.5～1.0 家禽 0.6～1.5 牛 0.8～1.6 淡水鱼 1.0～2.0 (以 Na_2HPO_4 计)	—	
Ca≥39.2 (以干基计)	养殖动物	猪 0.4～1.1 肉禽 0.6～1.0 蛋禽 0.8～4.0 牛 0.2～0.8 羊 0.2～0.7 (以 Ca 元素计)	—	摄取过多钙会导致钙磷比例失调并阻碍其他微量元素的吸收
Ca≥33.5 Cl≥59.5 Ca≥26.9 Cl≥47.8				
Ca≥17.7 (以 $C_6H_{10}O_6Ca$ 计，干基)				

常量元素	化合物 通用名称	化合物 英文名称	化学式或描述	来　源	含量 以化合物计
磷：来自以下化合物	磷酸氢钙	Dicalcium phosphate	$CaHPO_4 \cdot 2H_2O$	化学制备	—
	磷酸二氢钙	Monocalcium phosphate	Ca $(H_2PO_4)_2 \cdot H_2O$	化学制备	—
	磷酸三钙	Tricalcium phosphate	Ca_3 $(PO_4)_2$	化学制备	—
镁：来自以下化合物	氧化镁	Magnesium oxide	MgO	化学制备	≥96.5
	氯化镁	Magnesium chloride	$MgCl_2 \cdot 6H_2O$	化学制备	≥98.0
	硫酸镁	Magnesium sulfate	$MgSO_4 \cdot H_2O$	化学制备或	≥99.0
			$MgSO_4 \cdot 7H_2O$	从苦卤中提取	≥99.0

（续）

规格，% 以元素计	适用动物	在配合饲料或全混合日粮中的推荐添加量，%	在配合饲料或全混合日粮中的最高限量，%	其他要求
P≥16.5 Ca≥20.0	养殖动物	猪 0～0.55 肉禽 0～0.45 蛋禽 0～0.4 牛 0～0.38 羊 0～0.38 淡水鱼 0～0.6 （以P元素计）	—	水产饲料中磷的使用应该充分考虑避免水体污染，符合相关标准
P≥19.0 Ca≥15.0				
P≥21.0 Ca≥14.0				
P≥22.0 Ca≥13.0				
P≥17.6 Ca≥34.0				
Mg≥57.9	养殖动物	泌乳牛羊 0～0.5 （以MgO计）	泌乳牛羊 1 （以MgO计）	—
Mg≥11.6 Cl≥34.3		猪 0～0.04 家禽 0～0.06 牛 0～0.4 羊 0～0.2 淡水鱼 0～0.06 （以Mg元素计）	猪 0.3 家禽 0.3 牛 0.5 羊 0.5 （以Mg元素计）	镁有致泻作用，大剂量使用会导致腹泻，注意镁和钾的比例
Mg≥17.2 S≥22.9				—
Mg≥9.6 S≥12.8				

参 考 文 献

[1] 张子仪．中国饲料学．北京：中国农业出版社，2000

[2] 郝正里．畜禽营养与标准化饲养．北京：金盾出版社，2004

[3] 李英，谷子林．规模化生态放养鸡．北京：中国农业大学出版社，2005

[4] 呙于明．鸡的营养与饲料的配制．北京：中国农业大学出版社，2003

[5] 艾文森．蛋鸡生产．第三版．北京：中国农业出版社，1999

[6] [美] B.W. 卡尔尼克．禽病学．第九版．北京：北京农业大学出版社，1991

[7] 谢三星，孙跃进．家禽多种病原混合感染症．合肥：安徽科学技术出版社，2008

[8] 叶歧山等．鸡病防治实用手册．第二版．合肥：安徽科学技术出版社，2000

[9] 樊航奇，张敬．蛋鸡饲养技术手册．北京：中国农业出版社，2000

[10] 王海荣．蛋鸡无公害高效养殖．北京：金盾出版社，2004

[11] 王海荣等．肉鸡无公害高效养殖．北京：金盾出版社，2004

[12] 傅润亭，张敬．无公害蛋鸡标准化生产．北京：中国农业出版社，2006

[13] [美] scott，M.L. 等．鸡的营养．北京：北京农业大学出版社，1989

[14] 叶月皎，胡孟达．养鸡技术推广手册．天津：天津科技翻译出版公司，1993

[15] 袁宗辉．动物用药指南．北京：中国农业出版社，1998

[16] 王芳．常用饲料原料及质量简易鉴别．北京：金盾出版社，2008

[17] 张仲秋．畜禽药物使用手册．北京：中国农业大学出版社，2000

[18] 杨同林．畜禽常见病的防治．北京：中国农业出版社，1997

[19] 黄炎坤等．蛋鸡标准化生产技术．北京：金盾出版社，2006

[20] 杨宁等．现代养鸡生产．北京：北京农业大学出版社，1994

[21] 吴天星等．添加剂预混料配制技术．北京：化学工业出版社，1993

[22] 王和民等．配合饲料配制技术．北京：农业出版社，1990
[23] 谷军虎，张永辉，张铁闯．蛋鸡．北京：中国农业大学出版社，2006
[24] 廖纪朝等．科学养鸡指南．北京：金盾出版社，1996
[25] 费恩阁．动物传染病学．长春：吉林科学技术出版社，1995
[26] 尹兆正，李肖梁，李振华．优质土鸡养殖技术．北京：中国农业大学出版社，2002
[27] 康相涛，崔保安，赖银生．实用养鸡大全．第二版．郑州：河南科学技术出版社，2007
[28] 李金章．鸡病．沈阳：辽宁科学技术出版社，1993
[29] 郎丰功等．家禽实用新技术．济南：山东科学技术出版社，1992
[30] 樊新忠．土杂鸡养殖技术．北京：金盾出版社，2003
[31] 吴增坚等．鸡场的兽医监督和管理．上海：上海科学技术出版社，1994
[32] 梁智选．实用禽病防治指南．北京：中国农业出版社，1998

图书在版编目（CIP）数据

无公害散养蛋鸡/张敬，江乐泽主编．—北京：中国农业出版社，2009.12
ISBN 978-7-109-13676-2

Ⅰ．无… Ⅱ．①张…②江… Ⅲ．卵用鸡-饲养管理
Ⅳ．S831.4

中国版本图书馆 CIP 数据核字（2009）第 201463 号

中国农业出版社出版
（北京市朝阳区农展馆北路 2 号）
（邮政编码 100125）
责任编辑　张玲玲

北京通州皇家印刷厂印刷　　新华书店北京发行所发行
2010 年 1 月第 1 版　　2011 年 7 月北京第 6 次印刷

开本：850mm×1168mm 1/32　　印张：8.5
字数：215 千字　　印数：40 601～45 600 册
定价：15.00 元